索尼α7系列摄影与视频拍摄一本通

千知影像学院 ◎ 编著

人 民 邮 电 出 版 社
北 京

图书在版编目（CIP）数据

索尼α7系列摄影与视频拍摄一本通 / 千知影像学院编著. -- 北京 : 人民邮电出版社, 2024.10
ISBN 978-7-115-64463-3

Ⅰ. ①索… Ⅱ. ①千… Ⅲ. ①数字照相机－单镜头反光照相机－摄影技术 Ⅳ. ①TB86②J41

中国国家版本馆CIP数据核字(2024)第109415号

内 容 提 要

本书由浅入深、循序渐进地讲解了索尼α7系列相机的摄影与视频拍摄基础知识和实用技巧。全书首先系统地介绍了相机功能和菜单设定，深入解读相机曝光模式的特点及使用方法，专业剖析对拍摄至关重要的对焦、测光、曝光、照片虚实与画质、白平衡等知识，还详细介绍了镜头、附件的选择和使用；接着细致地讲解了摄影的构图、用光、视频镜头语言等基础理论；最后对索尼微单相机的视频拍摄功能、参数设置及拍摄流程进行了详细讲解。

本书内容系统全面，配图精美，文字通俗易懂，为索尼微单相机用户提供了系统而详尽的摄影与视频拍摄指导，适合索尼微单相机用户、广大摄影爱好者及视频制作者等阅读和学习。

◆ 编　　著　千知影像学院
　责任编辑　张　贞
　责任印制　周昇亮
◆ 人民邮电出版社出版发行　　北京市丰台区成寿寺路 11 号
　邮编　100164　　电子邮件　315@ptpress.com.cn
　网址　https://www.ptpress.com.cn
　北京宝隆世纪印刷有限公司印刷
◆ 开本：880×1230　1/32
　印张：4.5　　　　2024 年 10 月第 1 版
　字数：191 千字　　2024 年 10 月北京第 1 次印刷

定价：39.80 元

读者服务热线：(010)81055296　印装质量热线：(010)81055316
反盗版热线：(010)81055315
广告经营许可证：京东市监广登字 20170147 号

近几年数码影像器材得到空前发展，很多家庭、摄影爱好者、影像从业人员等都在这段时间初次购买了影像器材或多次升级了手中的影像器材。不过，升级器材不如将手中的器材使用好来得实在，多数使用者仅使用了相机约 1/10 的功能。如何将相机已有的功能使用好？如何通过拓宽思路和提升拍摄手法来提高作品的价值和拍摄成功率？这些是比升级器材更值得思考的事情。我们在学习摄影的同时，还应该学习与视频拍摄相关的知识，为视频创作打下良好的基础。作为当下较有前景的新媒体形式，短视频的用户数量在最近几年呈指数级上涨，在系统地学习本书后，读者也许会额外开辟一条变现的道路。

本书是整合摄影与视频拍摄相关理论与实际操作的图书，主要讲解摄影和视频拍摄共通的基本理论，如曝光、色温与白平衡关系、对焦、测光、构图与用光，以及拍摄视频时应该了解的知识，如镜头语言、拍摄视频操作步骤等，旨在让摄影爱好者对索尼微单相机的摄影与视频拍摄功能有深入的了解，并能熟练运用。

在编写本书时，笔者查阅了相关资料并请教了从业专家，即便如此仍难免有疏漏。欢迎各位读者与笔者交流、沟通，对图书内容进行批评、指正。

第1章

第2章

第3章

第11章

第1章

相机功能与菜单设定

索尼 α 系列相机的菜单设定比较人性化，几乎所有的拍摄、管理功能均可通过菜单操作实现。合理地设置相机菜单，能够帮助摄影师更容易地拍摄出完美的照片。

相对来说，大部分的相机功能及菜单设定都是比较简单的，因此本章将针对一些常用的、重点的，以及一些比较难以理解的功能进行介绍，帮助用户熟练使用自己的相机。

本章以索尼 α7R Ⅳ为例进行讲解。

1.1 拍摄菜单

1.1.1 文件格式设定

索尼 α 系列相机共有 3 种影像文件格式选项，包括 RAW、RAW&JPEG 和 JPEG，分别表示只拍摄 RAW 格式文件、同时拍摄 RAW 格式文件和 JPEG 格式照片、只拍摄 JPEG 格式照片。

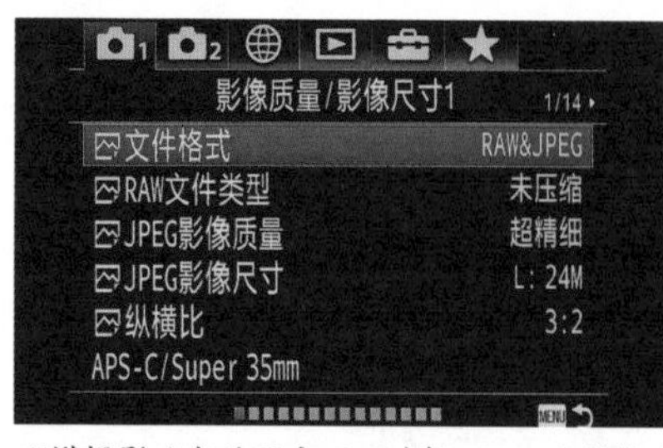

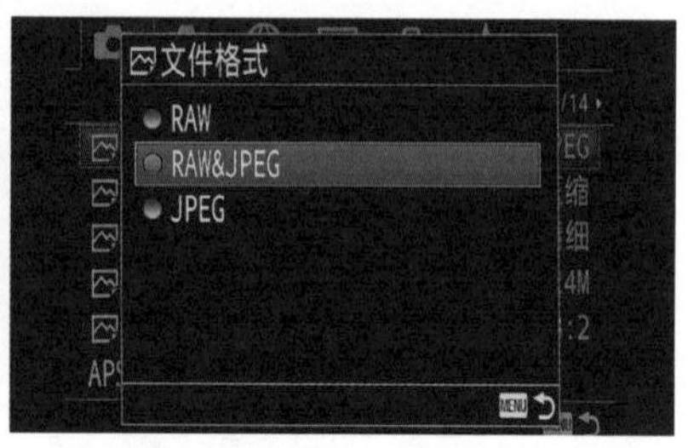

不懂摄影后期的用户可以选择 JPEG 文件格式，擅长摄影后期的用户可以选择 RAW&JPEG 文件格式或 RAW 文件格式

1.1.2 JPEG 影像质量设定

JPEG 是一种照片的文件压缩格式。JPEG 影像质量有 3 种不同的压缩级别，分别为 X.FINE 超精细、FINE 精细和 STD 标准。超精细的照片压缩比例很小，有利于显示照片更为细腻、出众的画质，但相应的，照片占用的磁盘空间会增大。

当压缩级别为精细或标准时，照片画质会下降，但相应的，照片占用的磁盘空间会减小。

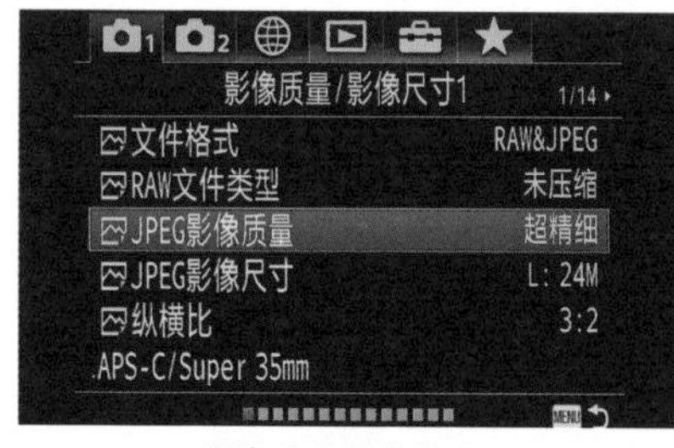

影像质量设定界面 1

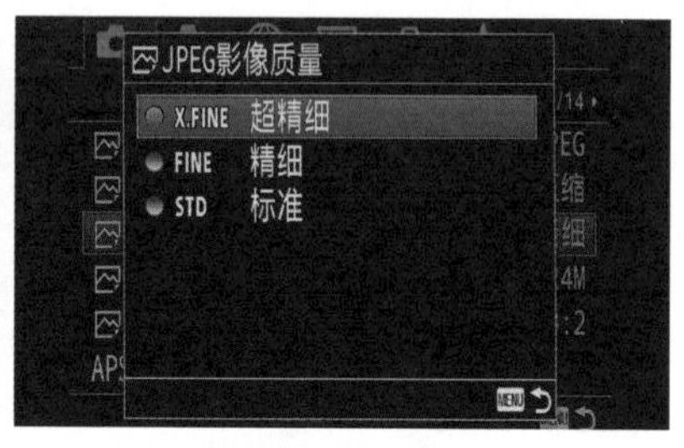

影像质量设定界面 2

1.1.3 JPEG 影像尺寸设定

影像尺寸通常以长边像素值 × 宽边像素值来表示。两者的乘积是总像素值，总像素值会有特定的大小。正常情况下，索尼 α 系列相机设定拍摄静态照片，并且纵横比为 3：2 时，所拍摄超精细的 JPEG 格式照片尺寸为 9504 像素 × 6336 像素，所占空间约为 60MB；尺寸为 6240 像素 ×4160 像素，所占空间约为 26MB；尺寸为 4752 像素 ×3168 像素，所占空间约为 15MB。

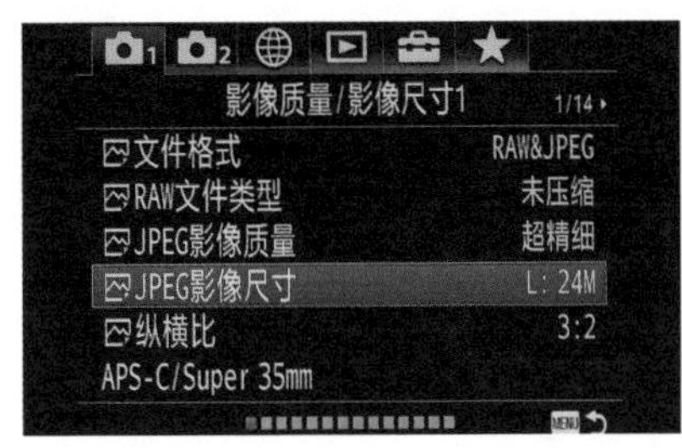

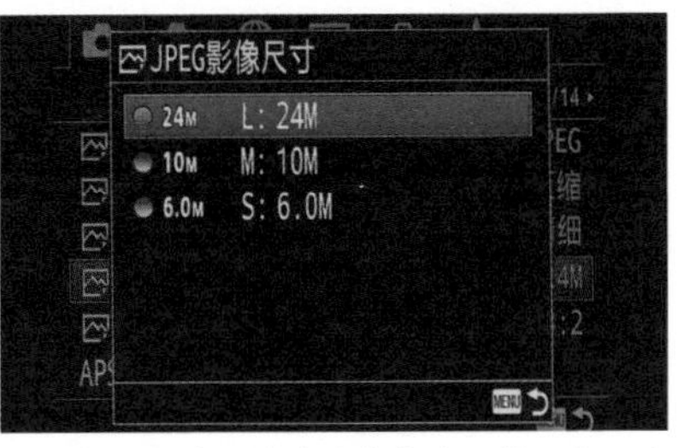

拍摄影像尺寸最大的文件是摄影创作比较常见的选择。除非因为存储卡容量不够，或照片只用于旅游纪念、网络发布等，否则不需要调小影像尺寸

1.1.4　照片纵横比（长宽比）设定

该功能用于设定所拍摄照片的纵横比。当前主流的摄影作品纵横比为 3：2，另外 16：9、4：3 和 1：1 等纵横比也比较常见。索尼 α7R Ⅳ相机内设定了 3：2 和 16：9 这两种纵横比。

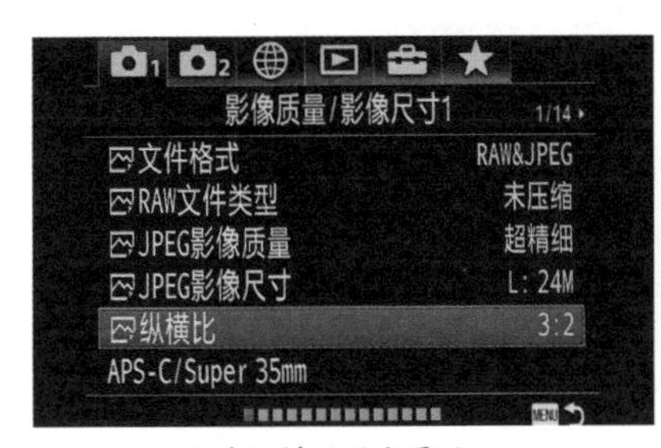

照片纵横比设定界面 1　　照片纵横比设定界面 2

3：2 纵横比起源于 35mm 电影胶卷，当时徕卡相机的镜头成像圈直径是 44mm，在中间画一个矩形，长约为 36mm，宽约为 24mm，即纵横比为 3：2。由于徕卡相机当时在业内一家独大，几乎是相机的代名词，因此这种画幅比例自然更容易被业内人士接受。

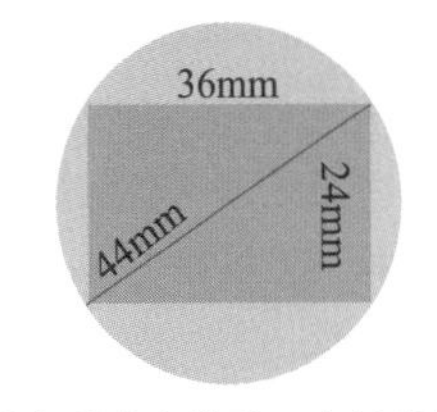

绿色圆为成像圈，中间的矩形纵横比为 36：24，即 3：2

虽然 3：2 纵横比并不是徕卡相机有意为之，但这个比例更接近“黄金比例”是不争的事实。这个“美丽的误会”，也成为 3：2 纵横比能够“大行其道”的另外一个主要原因。

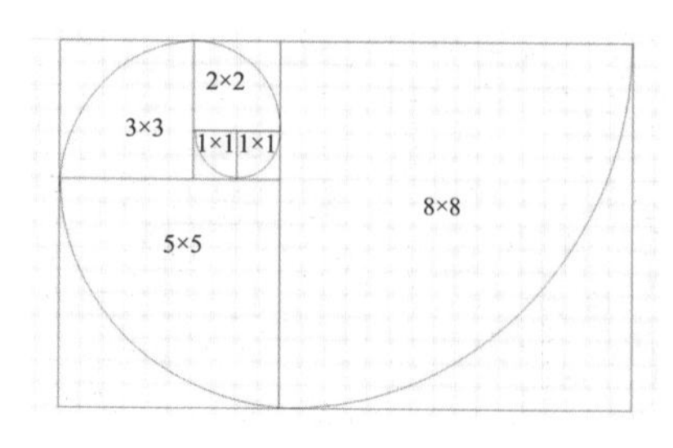

这种金色螺线的绘制过程，其实也是绘制黄金比例分割线的过程。可以看到，这种纵横比更接近于照片的 3：2 比例

光圈 f/11，
快门 1/125s，
焦距 57mm，
感光度 ISO100

设定 3：2 纵横比，即便在照片内部，也可以通过进行各种划分（如黄金分割、三等分等）来安排主体的位置。这样既可以让主体变得醒目，又符合审美规律

我们可以认为 16：9 代表的是宽屏系列，因为还有纵横比更大的 3：1 等。16：9 这类宽屏比例，起源于 20 世纪，当时影院的老板们发现宽屏更有利于节省资源、控制成本，并且符合人眼的观影习惯。

到了 21 世纪，计算机显示器、手机显示屏等硬件的厂商，发现 16：9 的宽屏比例更适用于视频播放，并可以与全高清的 1920 像素 ×1080 像素相适应，因此开始大力推广 16：9 的宽屏比例。近年来，手机与计算机屏幕几乎是“16：9 的天下”，很少看到新推出的显示设备是 4：3 的比例了。

人的双眼为左右分布，在注视物体时，习惯于优先从左向右，而非优先从上到下。所以一些显示设备比较适合制作成宽幅的形式

光圈 f/1.4，快门 8s，焦距 24mm，感光度 ISO2000

左右结构的宽画幅形式，比较适合呈现大的风光场景，能够容纳更多景物，符合人眼视觉习惯

1.1.5 APS-C 与 Super 35mm 设定

全画幅相机的感光元件尺寸约为 36mm×24mm，APS 画幅是一种尺寸更小的画幅形式，有 APS-H、APS-C 和 APS-P 3 种画幅规格。APS-H 画幅相机的感光元件尺寸约为 30.3mm×16.6mm，纵横比约为 16：9；APS-C 画幅相机的感光元件尺寸在 APS-H 画幅相机的感光元件尺寸的基础上左右两头各减少一些，约为 24.9mm×16.6mm；APS-P 画幅是在 APS-H 画幅的基础上，上下两端各减少一些，纵横比变为 3：1，目前这种画幅基本没有大规模商用。从这个角度来看，以 APS-C 画幅的尺寸来拍摄，表示要缩小感光元件的成像区域进行拍摄。

Super 35mm 与 APS-C 的尺寸基本相当，唯一的区别在于 Super 35mm 属于“数字电影摄影机”中的画幅标准，继承的是胶片电影摄像机的规格。

在索尼 α 系列相机中，可通过菜单将画幅缩小至 APS-C/Super 35mm 的尺寸。画幅缩小后，镜头视角会变小。

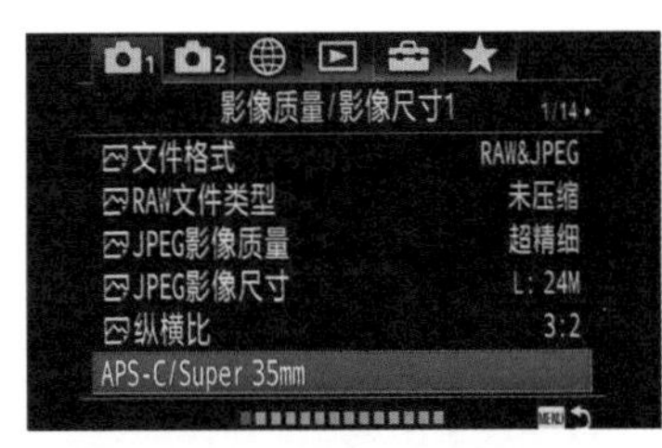

APS-C 与 Super 35mm 设定界面 1

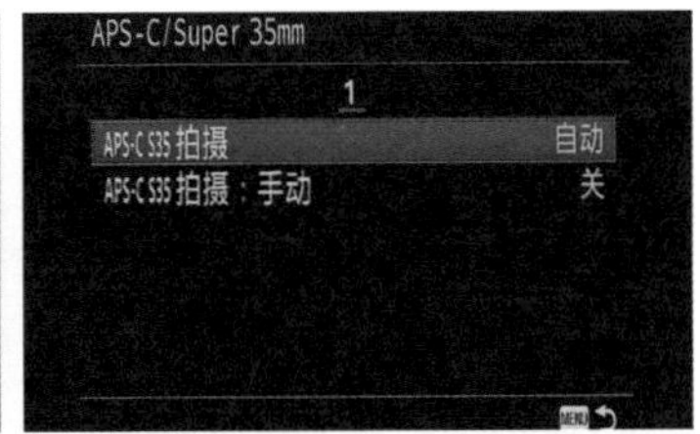

APS-C 与 Super 35mm 设定界面 2

1.1.6　多重测光时人脸优先设定

开启“多重测光时人脸优先”功能后，如果使用多重测光的方式进行测光，那么相机会以检测到的人脸信息为基准进行测光，这样可以确保人的面部能够准确曝光——这是拍摄人像类题材时最重要的一点。如果关闭该功能，相机会以正常的多重测光方式进行测光。

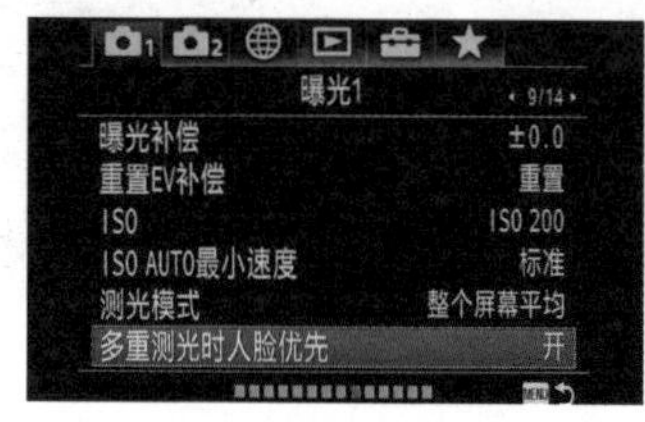

多重测光时人脸优先设定界面 1

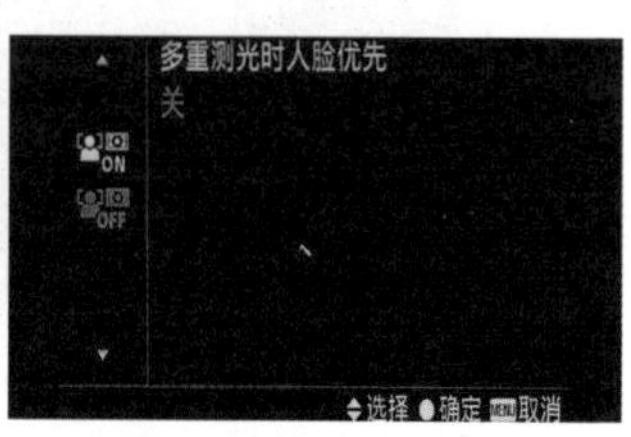

多重测光时人脸优先设定界面 2

1.1.7　人脸登记设定

使用“人脸登记”功能，可以登记和编辑想要优先对焦的人物。使用该功能设定了对焦人物的优先顺序后，被摄对象中优先顺序最高的人脸会被自动选择，并进行对焦。

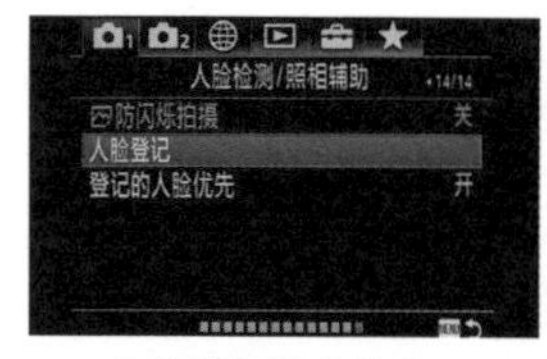

人脸登记设定界面 1

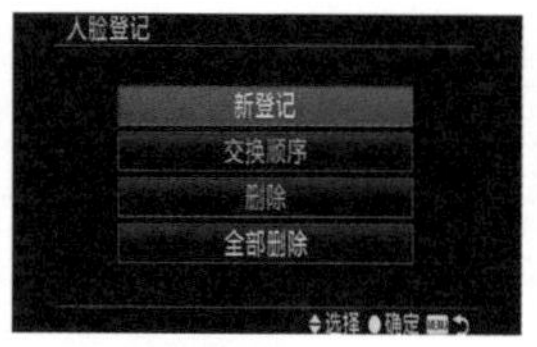

人脸登记设定界面 2

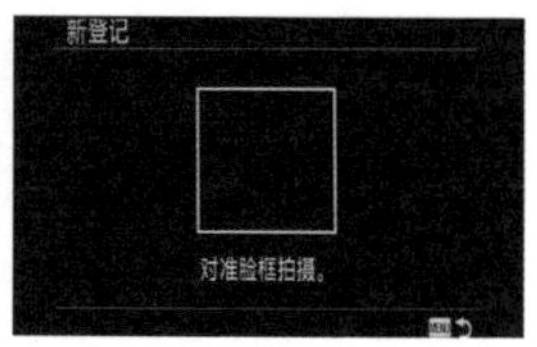

人脸登记设定界面 3

1.1.8　取景器和显示屏显示的信息

拍摄照片时，我们要通过显示屏或取景器进行取景。显示屏或取景器界面显示的信息可以自己设定。例如，可以让取景器界面上显示水平线、直方图，也可以让界面上不显示这些信息。具体设定时，只要按下控制拨轮的 DISP 按钮，就可以选择显示屏或取景器来设置想要在界面显示的信息。例如，选择显示屏后，显示屏显示可以在图形显示、显示全部信息、无显示信息、柱状图、数字水平量规、取景器之间切换。选择取景器后，取景器显示可以在图形显示、显示全部信息、无显示信息、柱状图、数字水平量规之间切换。

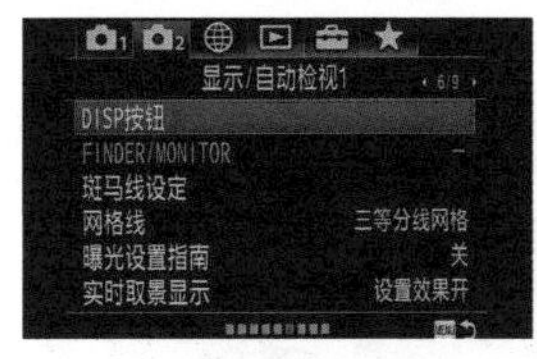

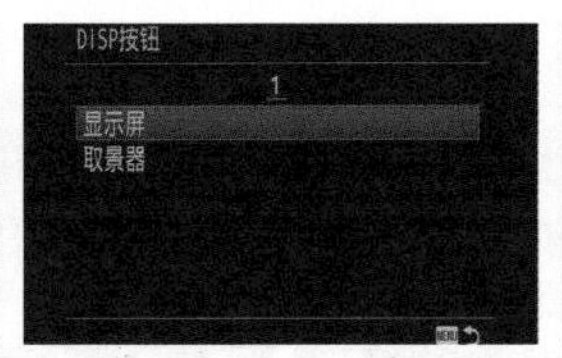

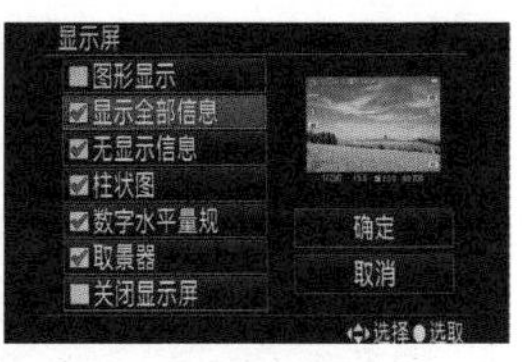

设定显示屏显示或不显示的信息

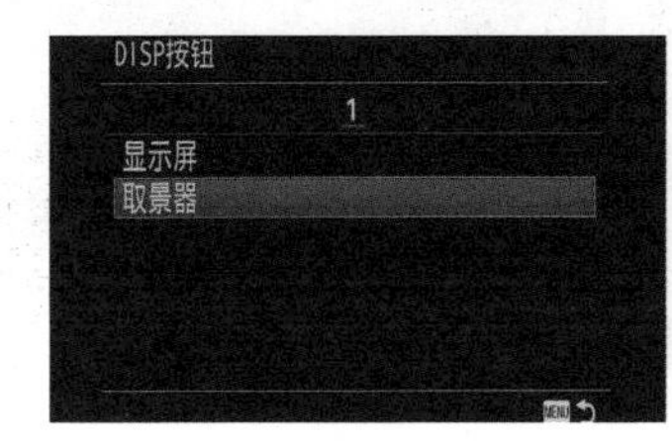

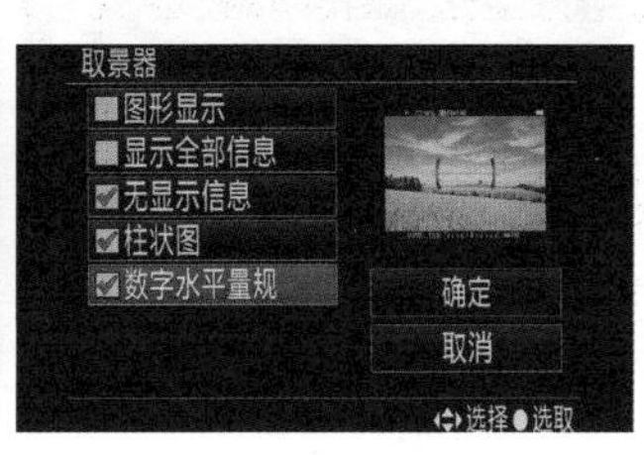

取景器显示的信息设定界面

1.1.9 网格线设定

摄影师可以考虑把“网格线”功能开启，让取景器中显示网格线，以方便将其作为构图参考和用以判断画面水平度，此功能预设值为“关”。对摄影师经常拍摄相当讲究水平及垂直的照片而言，开启这个功能有助于快速构图。

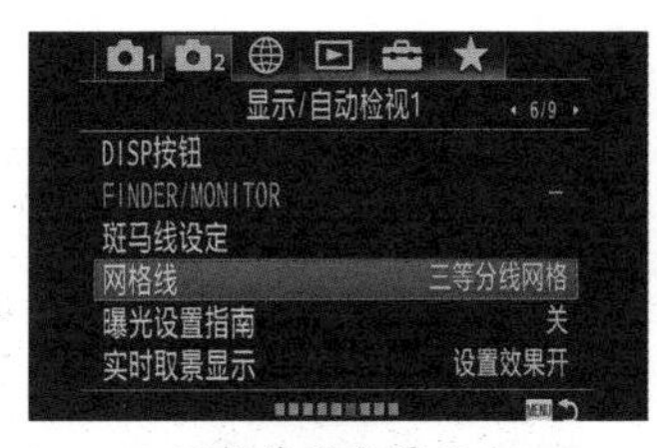

网格线设定界面 1

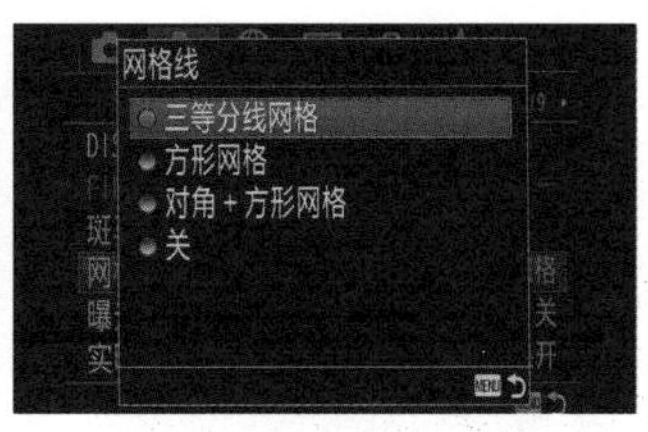

网格线设定界面 2

1.2 播放菜单

1.2.1 照片保护设定

为了防止误操作而删除重要的照片，可以对这些照片进行保护设定。设定受保护的照片上会显示特定的标记。

1.2.2 照片旋转设定

回放照片，横向放置相机时，如果照片为竖构图，那么使用“旋转”功能可以将照片旋转 90° ，以便于摄影师以正常视角观看照片。

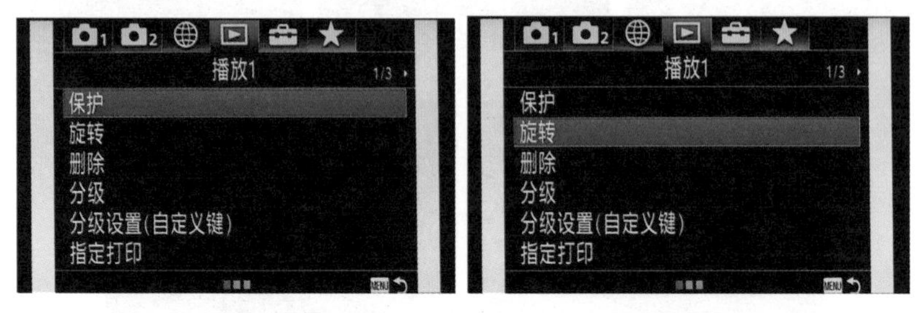

照片保护设定界面　　照片旋转设定界面

1.2.3 照片分级设定

一次性拍摄大量照片，照片的品质及艺术感也会有较大差别。摄影师在回放观看照片时，可以根据照片的实际情况进行标定。例如，必定要保留并且后续要进行更多艺术加工的照片，可以标定为 4 星；几乎不用进行后期深度加工就已经非常完美的照片，可以标定为 5 星。至于 1 星、2 星和 3 星的照片，则可以根据实际情况来进行标定。

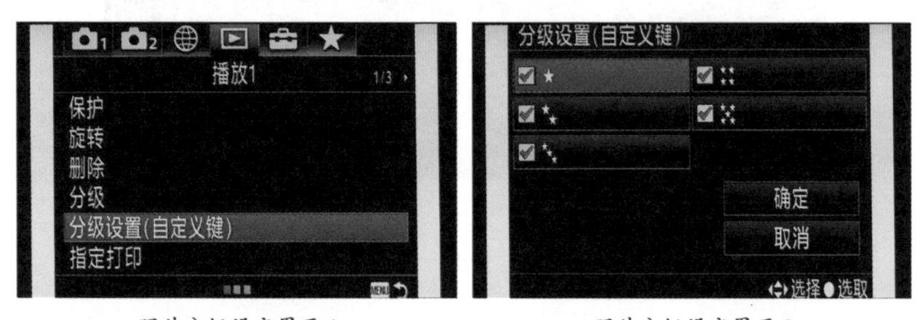

照片分级设定界面 1　　照片分级设定界面 2

1.2.4 显示旋转设定

开启“显示旋转”功能后，回放竖拍的照片时，照片能够旋转 90° ，以便于摄影师平持相机时看到竖直的照片。

如果关闭该功能，相机将始终横向显示照片。

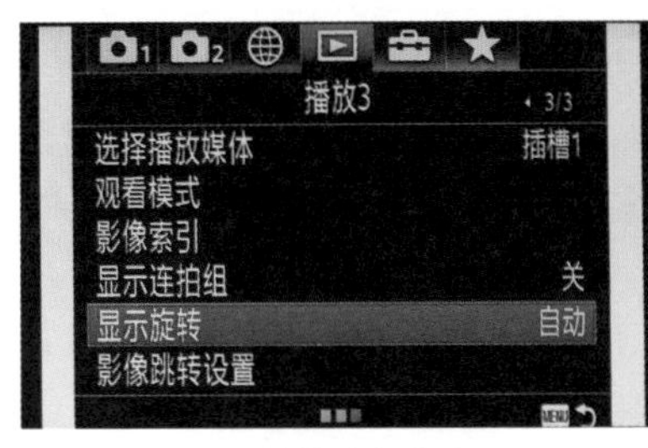

显示旋转设定界面 1

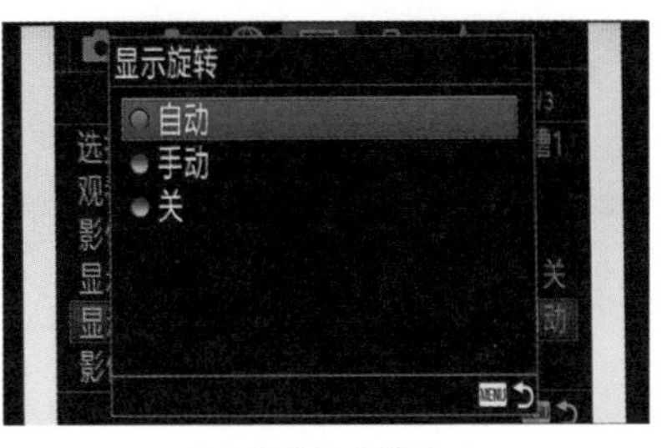

显示旋转设定界面 2

1.3 设置菜单

1.3.1 显示屏亮度设定与取景器亮度设定

摄影师可以通过显示屏亮度设定和取景器亮度设定来改变显示屏的亮度。

理想的显示屏亮度是在观看的环境中，摄影师能够准确看到照片明暗及色彩层次的差异及变化。若显示屏的亮度设定得太暗，则暗部变得不太清楚；若显示屏的亮度设定得太亮，则暗部不够黑，亮部也可能难以看出区别。

对电子化程度很高的索尼 α 系列相机来说，取景器亮度的设定与显示屏亮度的设定，其意义是一样的。

由于在不同的照明环境下观看显示屏，会有不同的视觉效果，建议摄影师根据所处的照明环境，灵活地改变显示屏的亮度。这有利于摄影师更为准确地观察所拍摄照片的曝光状态是否准确。

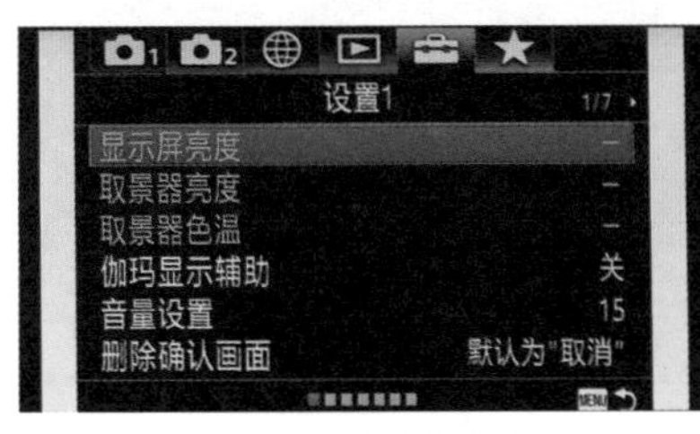

显示屏亮度设定界面

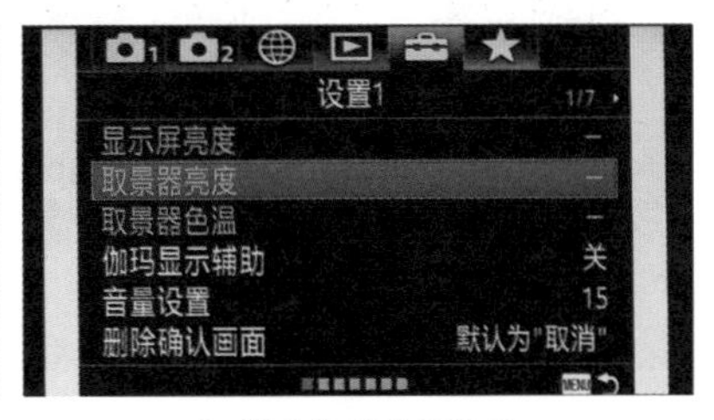

取景器亮度设定界面

1.3.2 自动关机开始时间设定

可以设定没有操作时到进入自动关机（节电）模式的时间，以减少电池电量的消耗。进入自动关机模式后，如果进行半按快门按钮等操作，相机即刻恢复拍摄模式。

如果不对相机进行此项设定，那么相机会一直处于测光状态。开启“实时取景”功能时，可以发现显示屏一直显示曝光准确的画面。

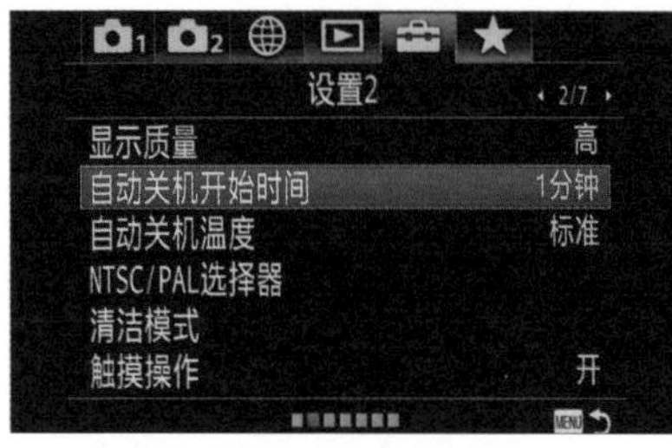

自动关机开始时间设定界面 1

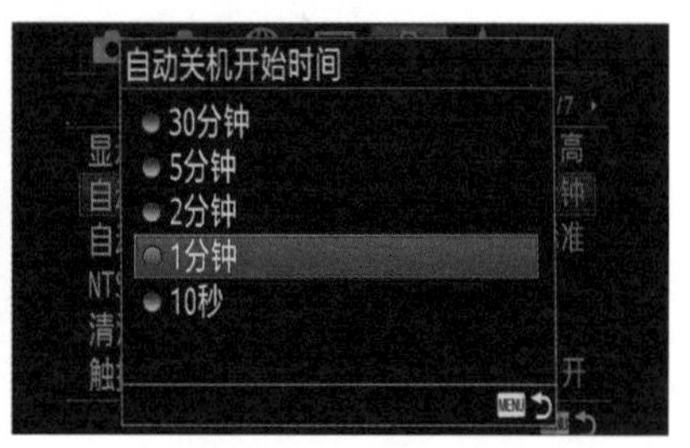

自动关机开始时间设定界面 2

1.3.3 版权信息设定

版权信息设定可以让摄影师为每张照片添加版权信息，如设置摄影师姓名、设置版权所有者名称等。这项功能非常好用，建议摄影师善用这项设定，为每张照片都加上版权信息，保护自己的照片版权，并且在拍摄前设定好，做到无后顾之忧。

摄影师如果要将相机借给别人，最好在借出相机前将“写入版权信息”功能关闭，以免引起不必要的误会。

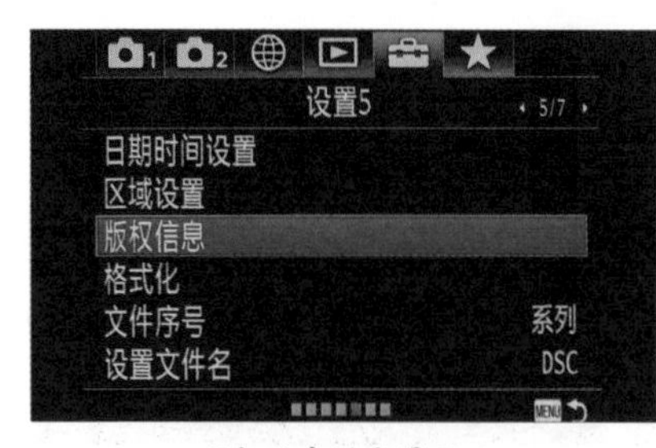

版权信息设定界面 1

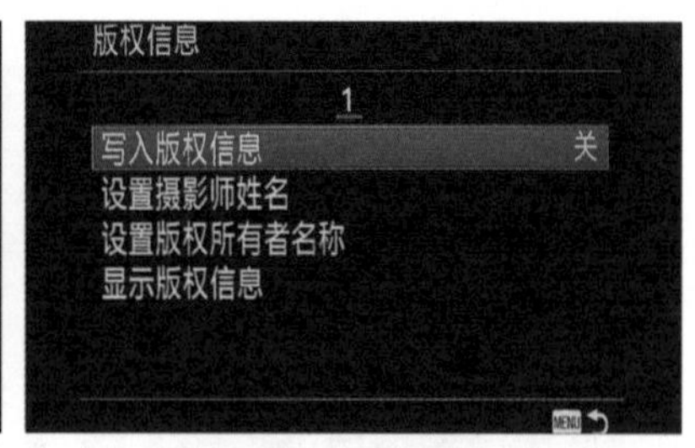

版权信息设定界面 2

1.3.4　文件序号设定

每拍摄并存储一张照片，照片就会以特定的编号排定次序。在文件序号设定菜单中有“系列”和“复位”两个选项，设定为“系列”时，照片会从“0001”的编号开始，到“9999”的编号结束；设定为“复位”时，不同的文件夹中，均是从“0001”的编号开始，到“9999”的编号结束。但是存在一个问题：一旦将不同文件夹的照片混放在一起，就会出现照片编号冲突的情况。所以通常情况下，要选择“系列”选项。

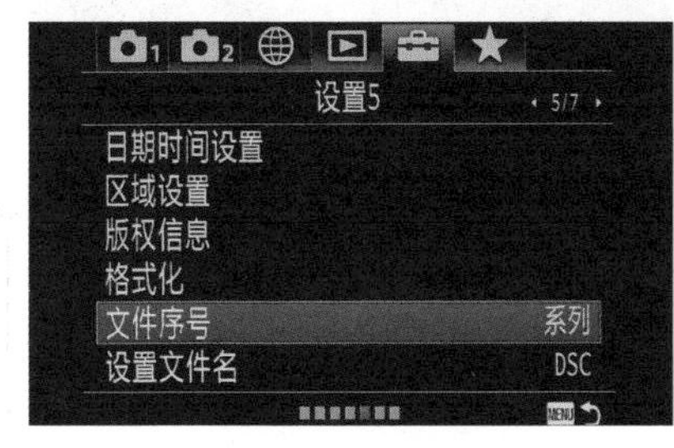

文件序号设定界面 1

文件序号
系列
复位

文件序号设定界面 2

1.3.5　设置文件名设定

开启“设置文件名”功能后，摄影师可以选择 A ～ Z 及数字 0 ～ 9 中的 3 个字符，作为新文件名的预设字头。当完成更改文件名字头后，相机会把 sRGB 及 Adobe RGB 照片以不同方法标示。例如，将“设置文件名”设定为 DSC 后，sRGB 的照片名为“DSC 编号”，Adobe RGB 的照片名为“_DSC 编号”。

摄影师可以根据自己的姓名或常用识别标记设置文件名的预设字头，这样可以方便识别。这种操作尤其适合那些每次要进行大量拍摄的摄影师，以方便摄影师对照片进行分类存档。

设置文件名设定界面 1

设置文件名设定界面 2

1.3.6 出厂重置设定

如果摄影师对相机菜单的各种功能不太熟悉但又进行了大量设定，或者摄影师对菜单进行太多设定从而让相机的拍摄产生了诸多混乱，那么可以将相机进行出厂重置，即恢复相机初始的默认状态。

出厂重置设定界面 1

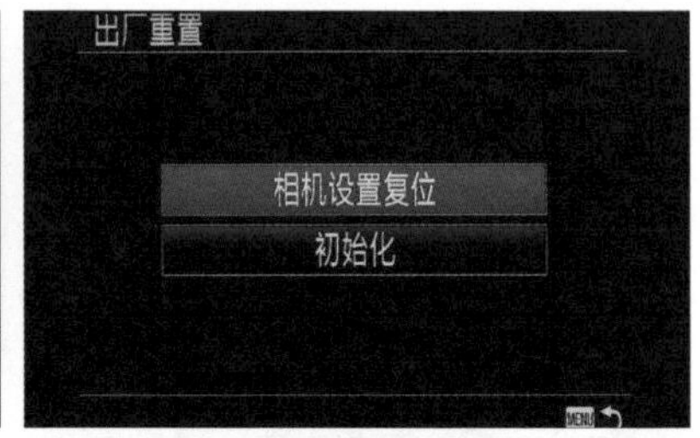

出厂重置设定界面 2

1.4 我的菜单设置

我的菜单设置界面

“我的菜单设置”功能是很贴心的，它将摄影师经常使用的对焦菜单设定、曝光菜单设定、画质设定、照片格式设定等移动到“我的菜单设置”内，集中起来。这项功能的优点是在下次拍摄时，摄影师无须进入不同的菜单找不同的功能进行设定，只要在“我的菜单设置”内，就可以集中设定常用的重要功能，实现快速拍摄。这样可以节省摄影师拍摄前的准备时间，提高拍摄效率。

第2章

开始创作——各种曝光模式的特点与适用场景

如何根据自己的拍摄对象选择恰当的曝光模式令很多摄影初学者感到困惑。其实，程序自动曝光模式、快门优先自动曝光模式、光圈优先模式和手动曝光模式的基本原理并不复杂，它们各自有其不同的特点，适合不同的拍摄场景。同时，相机在不同曝光模式下可以用的功能也有区别。摄影初学者有必要对其进行深入了解，并熟悉各个曝光模式的不同特点及各个曝光模式适用的题材和场景。

本章以索尼 α7R Ⅳ相机为例进行讲解。

2.1 轻松进入创作状态——程序自动曝光

2.1.1 认识程序自动曝光模式

程序自动曝光模式（P 模式）俗称“P 挡”，是摄影初学者最容易上手的创意拍摄模式，适合在光线复杂的环境下抓拍。

在程序自动曝光模式下，相机根据自动测光的结果，提供光圈和快门速度的合理组合，摄影初学者可以针对实际情况对自动设定进行修改或设置曝光补偿。

摄影初学者使用 P 模式拍摄的成功率较高，但是由于光圈与快门速度的组合是相机自动设定的，因此在面对一些特殊场景时，可能无法获得最佳的拍摄效果。

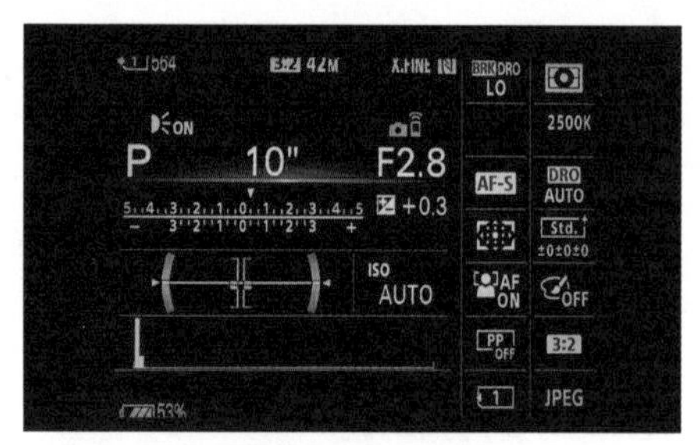

P 模式下的显示屏界面

2.1.2 P 模式适用场景：无须进行特殊设置的题材

1. 旅行留影

光圈 f/2.8，
快门 1/90s，
焦距 70mm，
感光度 ISO640

旅行途中拍摄纪念照，注重的是清晰、明确地展现摄影师所见，无须进行过多的拍摄设置。使用 P 模式在各种天气条件下都可以得到较理想的曝光效果，且光圈和快门速度的组合可以确保图像清晰

2. 街头抓拍

光圈 f/5.6，
快门 1/400s，
焦距 21mm，
感光度 ISO500，
曝光补偿：-2EV

太阳落山前最后一束光线投射到城门洞一侧的墙上，骑自行车的父亲载着女儿驶过。使用 P 模式抓拍这种场景非常适合，基本能够确保画面各部分的曝光都比较准确

3. 光线复杂

光圈 f/4，快门 1/6s，焦距 24mm，感光度 ISO1000
相机设定在 P 模式，摄影师可以将技术问题交给相机解决，从而把注意力更多地集中在被摄体上，随时捕捉精彩的镜头

2.2 快门优先自动曝光

快门优先又称速度优先，是指由摄影师设定所需的快门速度，相机根据测光数据决定相应的光圈设定。快门优先自动曝光模式（S 模式）是拍摄体育运动、野生动物、流水等题材时常用的拍摄模式，它可以通过高速快门凝固住运动的瞬间，或利用低速快门创意地表现被摄体在运动中形成的动感轨迹。

快门优先自动曝光模式多用于拍摄运动主体或要表现速度感的题材，快门速度的设定应当根据被摄体的运动速度决定。选择适当的快门速度需要丰富的经验积累，要想拍摄出成功的作品，摄影师需要尝试设定不同的快门速度多次拍摄。

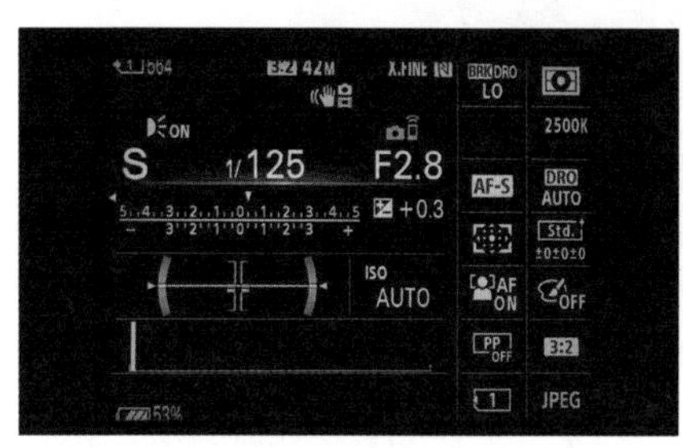

快门优先自动曝光模式下的显示屏界面

2.2.1 快门优先自动曝光模式的特点

摄影师控制快门速度，有利于抓取运动主体的瞬间，或刻意制造模糊形成动感。快门速度由摄影师设定，光圈由相机根据测光结果自动设定。

快门速度设定后，相机会记忆设定的快门速度并默认用于之后的拍摄。测光曝光开启时（或半按快门激活测光曝光），旋转主指令拨盘可以重新设定快门速度。

2.2.2 快门与快门速度的含义

快门是相机控制曝光时间长短的装置。快门只有在按下快门按钮时才会打开，到达设定时间后关闭。光线在快门开启的时间内透过镜头到达感光元件。快门速度的设定决定光线进入的时长。

1. 快门速度的表示方法

快门速度是快门的重要参数，其标注数字呈倍数关系（近似）。

标准的快门速度值序列如下：

……2s、1s、1/2s、1/4s、1/8s、1/16s、1/30s、1/60s、1/125s、1/250s、1/500s、1/1000s、1/2000s……

索尼 α 系列相机的快门速度为 1/8000 ～ 30s，还可以设置 B 门（按下快门按钮，快门开启；松开快门按钮，快门关闭。曝光时间由摄影师决定，多用于拍摄夜景）。

快门速度每提高一倍（如从 1/125s 到 1/250s），感光元件接收到的光量就会减少一半。

快门速度：1/800s

快门速度：1/200s

快门速度：1/4s

快门速度：2s

上面的照片是在不同快门速度下拍摄的。在高速快门挡，可以看清水流和飞溅的水滴；而在低速快门挡，流动的溪水呈现丝绸状，更具动感

常见题材的快门速度参考

车灯光轨	瀑布与小溪	移动的人物	体育比赛	飞翔的鸟	高速赛车
15 ～ 30s	1/2 ～ 5s	1/250s	1/1000 ～ 1/800s	1/1500 ～ 1/1250s	1/2000s 或更快

2. 低速快门的应用

一般我们把低于 1/15s 的快门速度视为低速快门，由于曝光时间较长，通常会使用三脚架辅助拍摄。在使用低速快门时，轻微的手抖和机震都会影响画面的清晰度，因此摄影师应当格外留意，条件允许的话尽量使用快门线、遥控器、反光镜预升功能，或采用自拍延时功能。

通常在光线较暗、为避免产生噪点降低画质又不能使用过高感光度的时候使用低速快门。另外，还有一些特定场景运用低速快门可以获得独特的影像效果。

光圈 f/13，
快门 6s，
焦距 17mm，
感光度 ISO100

在一些光线不是很理想的场景中，如果设定高速快门，那么就需要使用较高的感光度，但这会破坏照片画质；而采用低速快门拍摄，则可以拍摄到画质更出众的画面效果

低速快门拍摄参考

场景	建议使用的快门速度
闪电、烟花、星轨（地球自转形成的星星轨迹）	B 门
日落之后或日出之前的夜景	1 ~ 30s
城市夜景、月夜、流水	1/4 ~ 1s
夜景人像（配合闪光灯慢速同步）、灯光照明为主的室内环境	1/15 ~ 1/4s

光圈 f/8，
快门 2s，
焦距 17mm，
感光度 ISO100

本画面为典型的慢门夜景。静止的路灯、道路标识和交通标志牌都是清晰的，而行驶中的车辆只留下车灯拉出的光带

3. 安全快门速度

所谓安全快门速度，就是在拍摄时可以避免因手持相机的抖动而造成画面模糊的快门速度。镜头焦距越长，手的抖动对画面清晰度的影响越大，此时安全快门速度也就越高。

这里提供一个简便的计算安全快门速度的公式：

安全快门速度值≤镜头焦距的倒数

例如，50mm 的标准镜头，其安全快门速度是 1/50s 或更高；200mm 的长焦镜头，其安全快门速度是 1/200s 或更高；24mm 的广角镜头，其安全快门速度是 1/24s 或更高。

这是一个方便记忆和计算的公式，在拍摄中摄影师可以将其作为快门速度设定的指导。不过，这个公式并没有将被摄体的运动考虑进去。实际上，在被摄体高速运动时，即使自动对焦系统保证追踪到主体，但如果快门速度不够，最终拍摄到的照片仍有可能是模糊的，因此根据焦距计算出的安全快门速度只是摄影师的参考之一。

建议摄影师在未使用三脚架拍摄时，将常用公式计算得到的安全快门速度提高到原来的 2 倍——也就是说，如果使用 50mm 的标准镜头，那么快门速度应设置为 1/100s 或更高，这样可以充分保证画面清晰。

使用长焦镜头拍摄鸟的特写。由于镜头没有防抖功能，因此安全快门速度设定为 1/320s，以保证照片的清晰

光圈 f/11，
快门 1/320s，
焦距 160mm，
感光度 ISO250

2.2.3 快门优先自动曝光模式适用场景：根据运动速度呈现不同效果

在进行野生动物、运动主体及梦幻水流拍摄创作时，摄影师可以运用高速快门来凝固精彩的瞬间，呈现不同寻常的影像效果。

1. 野生动物

使用 400mm 的长焦镜头手持拍摄，还要凝固远处的海鸟并得到非常清晰的画面，较高的快门速度是必不可少的

光圈 f/4，
快门 1/2000s，
焦距 400mm，
感光度 ISO800，
曝光补偿 +0.7EV

2. 运动主体

光圈 f/4，
快门 1/1250s，
焦距 160mm，
感光度 ISO100，
曝光补偿 -0.3EV
运动中的人物距离机位相对比较近，这样相对速度会更快。要拍摄到清晰的人物运动的瞬间，就需要使用更高的快门速度

3. 梦幻水流

光圈 f/4，
快门 1/2s，
焦距 19mm，
感光度 ISO320，
曝光补偿 -0.7EV
想要流动的水拍出飘逸薄纱的感觉，必须使用长时间曝光。使用快门优先自动曝光模式，将曝光时间设为 5s，拍摄出的画面中瀑布流水、浪花连成一片，形成丝绸般的质感，烘托出梦幻的气氛

2.3 控制画面景深范围——光圈优先自动曝光

在光圈优先自动曝光模式（A 模式）下，摄影师根据场景设定所需的光圈值大小，相机根据测光数据自动决定合适的快门速度。在拍摄风光、人像、建筑、微距等题材时，光圈优先自动曝光模式可以通过调整光圈的大小，控制拍摄画面中背景景物清晰与虚化的范围，令拍摄主体更为突出。

光圈优先是摄影师最常用的自动曝光模式。摄影师通过需要的景深对光圈进行设定，快门速度则由相机自动曝光系统决定。在此基础上，摄影师还可以决定是否进行曝光补偿及确定曝光补偿的数值。

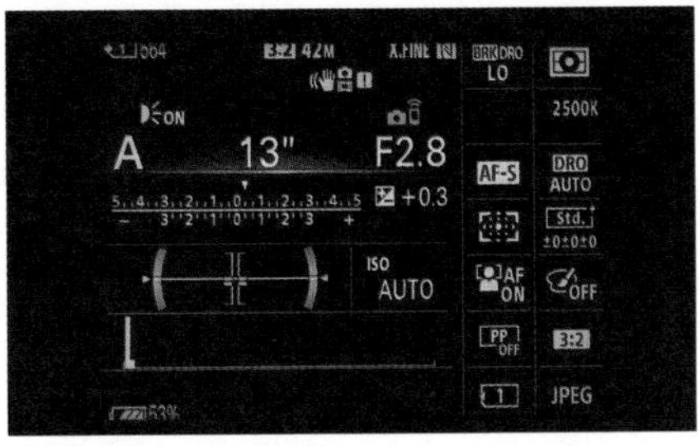

光圈优先自动曝光模式下的显示屏界面

2.3.1　光圈优先自动曝光模式的特点

摄影师通过控制光圈大小，以决定背景的虚化程度。光圈由摄影师主动设定，快门速度由相机根据光圈值与现场光线条件自动设定。

光圈值设定后，相机会记忆设定的光圈并默认用于之后的拍摄。测光曝光开启时（或半按快门激活测光曝光），旋转副指令拨盘可以重新设定光圈。

2.3.2　认识光圈

1. 光圈的结构

光圈是用来控制光线透过镜头照射到感光元件上光量的装置，通常安装在镜头内部，一般由 5 ～ 9 个光圈叶片组成。

2. 光圈值的表现形式

光圈的大小用 f 值表示，光圈 f 值的计算公式如下：

光圈 f 值 = 镜头的焦距 / 镜头口径的直径

f 值是镜头的焦距除以镜头口径的直径得到的数字，而光线通过的面积与其半径的平方成正比，因此光圈值大致是以 2 的平方根（约 1.4）的倍数关系变化的。

镜头上使用的标准光圈值序列如下：

f/1、f/1.4、f/2、f/2.8、f/4、f/5.6、f/8、f/11、f/16、f/22、f/32、f/44、f/64。

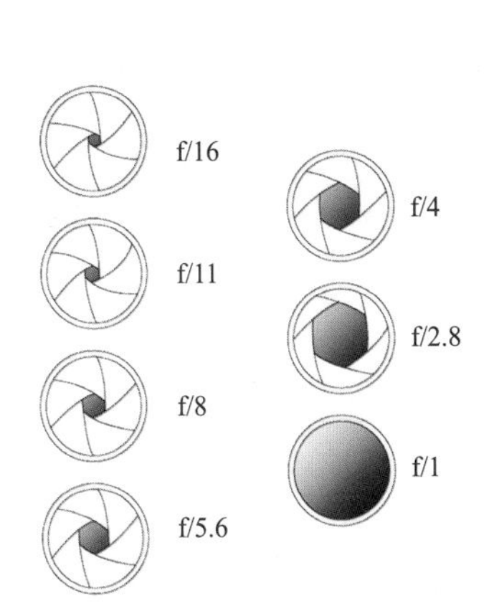

光圈示意图

3. 光圈对成像质量的影响

对于大多数镜头，缩小两级光圈即可获得较佳的成像质量。通常光圈缩小到 f/8 ～ f/11

的区间可以达到镜头的最佳成像。过大（如最大光圈）或过小的光圈（小于 f/11）均会令成像品质下降。

大光圈与小光圈

4. 光圈对曝光的影响

光圈代表镜头的通光口径。当曝光时间固定时，大光圈意味着进光量较大，曝光量高。因此在照片曝光不足时，可以通过开大光圈来得到需要的曝光；而光线很强烈时，就需要适度缩小光圈。

5. 不同光圈的特点

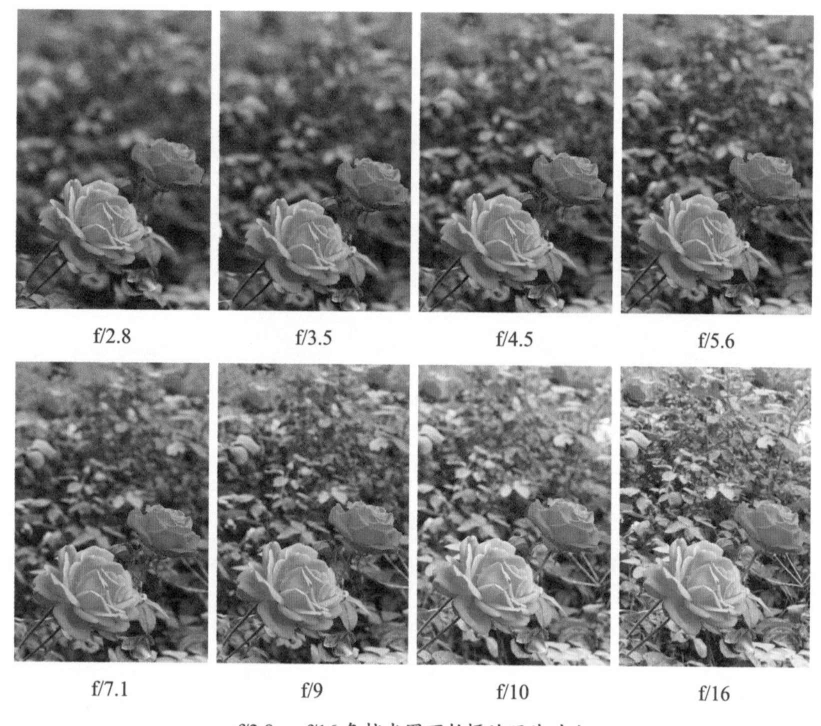

f/2.8 ~ f/16 各挡光圈下拍摄的照片对比

拍摄特写常用到大光圈，利用浅景深得到虚化的背景，以突出主体；拍摄风景则更多用到小光圈，以得到尽可能大的景深，此时画面从近到远都很清晰，信息量丰富。

关于光圈需要注意以下几点。

（1）光圈 f 值的数值越小，同一单位时间内的进光量越多，光圈越大。

（2）上一级光圈的进光量是下一级的 2 倍，如光圈从 f/2.8 调整到 f/2 就是光圈开大一级，f/2 的进光量为 f/2.8 的 2 倍。

（3）最大光圈和最小光圈的画质都不是最理想的，镜头的最佳光圈大多在 f/8 ～ f/16。

数码相机镜头的光圈由叶片组成，叶片数越多，由其构成的光圈越接近圆形。光圈的形状会对焦外成像的效果有明显的影响。

2.3.3　光圈优先自动曝光模式适用场景：需要控制画面景深

1. 自然风光

光圈 f/16，
快门 1/50s，
焦距 17mm，
感光度 ISO100，
曝光补偿 -1EV
拍摄自然风光，摄影师多会采用广角镜头并使用 f/8 ～ f/16 的小光圈以获得较大景深，使得前景和背景都清晰展现，让风景一览无遗

2. 人物特写

光圈 f/2，
快门 1/500s，
焦距 135mm，
感光度 ISO200
人物是作品的主要表现对象，绿植及花卉只是点缀。使用大光圈控制景深，可以虚化背景，突出人物主体。由于光线充足，因此快门速度可高达 1/500s，以保证抓住人物的瞬间神态

3. 静物花卉

光圈 f/2.8，
快门 1/200s，
焦距 105mm，
感光度 ISO100
光圈开到 f/2.8，尽可能将主体花蕊以外的其他元素模糊。这种以虚衬实的手法，在拍摄人像作品时也会经常用到

2.4 特殊题材的创意效果——手动曝光模式

手动曝光模式（M 模式）意味着曝光组合完全由摄影师掌控。摄影师在按下快门之前，需要在相机测光系统的辅助下迅速调整光圈与快门以确定理想的曝光组合。对于摄影初学者来说，手动曝光模式不易掌控，因为要在很短的时间内判断合理的光圈与快门速度并同时进行设置操作，有一定的难度。因此，

摄影初学者需要多加练习。

在手动曝光模式下，摄影师不必考虑曝光补偿，索尼 α 系列相机的测光系统会在取景器内显示当前曝光设定与相机内测光的差值，这个差值实质上起到了与曝光补偿相同的作用。

在拍摄特定题材时，使用需要更多人工设定的手动曝光模式可以更好地体现摄影师的意图——如长时间曝光的流水动感、夜晚烟火划过的轨迹等。

手动曝光模式延续了手动相机的使用和操作习惯，资深摄影师会根据自己的拍摄经验和对未来影像效果的想象，通过自由控制光圈、快门速度等来控制照片的影调。在极端光线的场景中，手动曝光模式会比相机自动曝光模式的结果更准确。

在使用手动曝光模式时，相机的测光数据仅作为辅助，相机并不参与曝光设定（光圈与快门速度需要摄影师自行设置）。尽管有相机自动测光的数据作为参考，手动设定光圈与速度仍需要摄影师丰富的拍摄经验做基础。

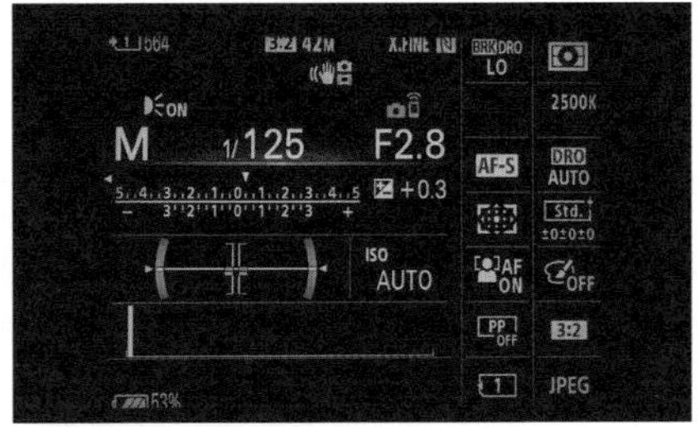

手动曝光模式下的显示屏界面

2.4.1　手动曝光模式的特点

由摄影师自行设定快门速度与光圈值，相机的测光数据仅作为参考。快门速度和光圈均由摄影师根据场景特点和光线条件有针对性地设置。

2.4.2　手动曝光模式适用场景：完全自主控制曝光

1. 夜景建筑

在夜晚拍摄被灯火照亮的建筑，需要摄影师具有丰富的夜景拍摄经验，并参考相机的测光结果，采用手动曝光模式，对曝光进行严格的控制。注意，在夜景摄影中，人工光线看起来很强，其实亮度远低于自然光，因此需要使用较长时间的曝光以获得充足的曝光量

光圈 f/8，快门 2s，焦距 35mm，感光度 ISO100

2. 使用影室灯的拍摄

在影室内无论是拍摄人物还是商品，都需要使用影室灯进行布光。快门速度的设定需要根据闪光灯的同步速度设定，而光圈值的设定要根据景深的需要进行人工设定，因此必须使用手动曝光模式来进行拍摄。一般情况下，可将快门速度固定在 1/125s 来进行全程拍摄。

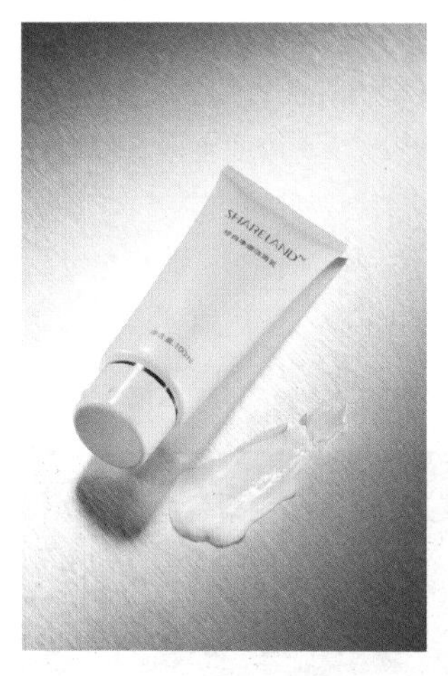

光圈 f/20，快门 1/125s，焦距 100mm，感光度 ISO100
商业类摄影，需要商品整体都表现清晰，因此设定光圈时，通常使用 f/16 甚至更小的光圈以保证全画面的清晰度。而为了保证画面的亮度，则可以通过调整影室灯的输出光量来满足需要

3. 长时间曝光创意风光摄影

光圈 f/22，
快门 20s，
焦距 24mm，
感光度 ISO50
手动设定尽量小的光圈（如 f/22），这样不但增加了曝光时间，还可以让水中的石头具有更丰富的层次体现

2.5 长时间曝光——B门

B 门专门用于长时间曝光，按下快门按钮，快门开启；松开快门按钮，快门关闭。这意味着曝光时间长短完全由摄影师来控制。在使用 B 门拍摄时，

最好使用快门线来控制快门释放，这样不但可以避免与相机直接接触造成照片模糊，而且可以增加拍摄的方便性，曝光时间可以长达几个小时（长时间曝光前，要确认相机的电池电量充足）。

在手动曝光模式下，向左转动转盘，至显示屏上出现“BULB”字样，即设定了 B 门模式。

2.5.1　B 门的特点

由摄影师自行设定光圈值，并操控快门的开启与关闭。光圈由摄影师主动设定；快门速度由摄影师根据场景和题材控制。

2.5.2　B 门适用场景：超过 30s 的长时间曝光

手动曝光模式的最长曝光时间是 30s，而对于 B 门来说，曝光时间可以多达数个小时。所以，同样是拍摄夜空，手动曝光模式只能拍摄到繁星点点，而 B 门模式则可以拍摄出“斗转星移”的线条感。

光圈 f/3.2，
快门 1254s，
焦距 25mm，
感光度 ISO100
拍摄星轨照片，想要展现出星星运动的轨迹，曝光时间最少要在 5 分钟以上，而如果想要表现出斗转星移的同心圆效果，则拍摄技巧更为复杂。取景时要将中心对准北极星（向正北方对焦），曝光时间至少要在 20 分钟以上，才能获得较为明显的效果。当然，相机的电量一定要充足，以保证全程的拍摄。严格来说，要拍摄完美的同心圆星轨，往往需要 3 个小时以上，但数码类相机一般无法支撑如此长的拍摄时间，电量不足是一个原因，噪点严重破坏画质是另外一个原因

小贴士

随着技术的更新和进步，当前利用 B 门拍摄星轨的情况越来越少了，大多是固定视角，使用常规拍摄模式，最终进行照片堆栈得到星轨。

第3章

对焦学问大

对焦技术是非常容易被忽视的，摄影初学者往往会认为拍摄时只要设定为自动对焦，半按快门对焦后完全按下即可拍摄。殊不知，拍摄时对焦点位置的选择、特殊场景的对焦技巧选择、特殊对焦手法的运用、不同状态运动对象的拍摄，都是非常重要的摄影技术。只有合理运用这些技术，才能拍摄出清晰的瞬间画面，或打造出多变的动感特效。

本章以索尼 α7R Ⅳ为例进行讲解。

3.1 简单搞懂对焦原理

相机的对焦，是透镜成像的实际应用。透镜成像取决于透镜焦距，两倍焦距之外的物体，成像会位于 1 ～ 2 倍焦距之间。将镜头内所有的镜片等效为一个凸透镜，那么拍摄的场景成像就在 1 ～ 2 倍焦距之间。

相机的感光元件一般固定在 1 ～ 2 倍焦距之间的某个位置。拍摄时，如果将成像位置调整到感光元件上，就会成清晰的像，表示对焦成功；如果没有将成像位置调整到感光元件上，成像就不清晰，表示对焦失败。

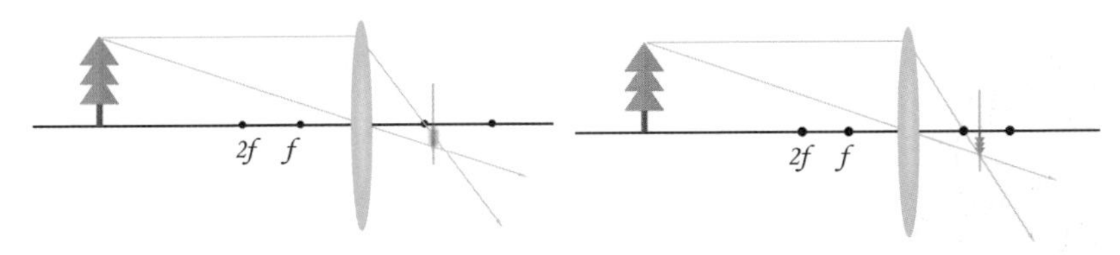

调整镜头的对焦，让成像位置恰好落在感光元件上。如果没有对焦成功，则拍摄的照片是模糊的；如果对焦成功，则拍摄的照片是清晰的

没有对焦成功，照片模糊

对焦成功，照片清晰

3.2 对焦操作与选择

3.2.1 自动对焦与手动对焦

在自动对焦模式下，摄影师转动变焦环确定取景范围后，半按快门，相机会自动控制对焦环调整对焦，让照片清晰；而在手动对焦模式下，摄影师转动变焦环确定视角后，还要自己转动对焦环进行对焦。

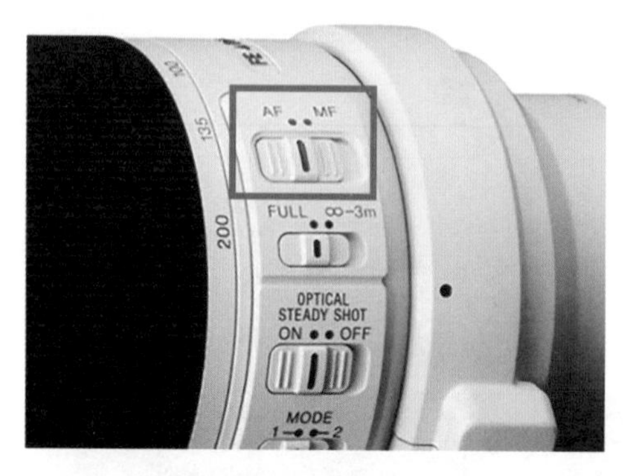

在镜头上将对焦滑块拨到“AF”一侧，即设定了自动对焦

光圈 f/8，
快门 0.1s，
焦距 344mm，
感光度 ISO800
对于相机无法自动对焦的场景（如光线太暗等），设定手动对焦会更方便一些，但还需摄影师用眼睛观察取景器内或显示屏上的画面清晰度变化

3.2.2 对焦难在哪里

如果对焦的主要任务是使画面清晰，那很简单。对焦的难点在于对焦平面的选择，如拍摄人物时应该对人物的眼睛对焦，拍摄花卉时应该对花蕊对焦。这些场景看似简单，但大多数时候对焦的选择和控制并没有这么简单，可能面临的问题要复杂得多。

光圈 f/4，快门 1/125s，焦距 70mm，感光度 ISO800

拍摄人物、动物、昆虫等对象，对焦的位置应该是在眼睛上，这样画面会更生动、传神

光圈 f/2.8，快门 1/160s，焦距 200mm，感光度 ISO100

拍摄大片的花朵时，对焦在较高的花朵上，这样照片会更好看

光圈 f/8，快门 1/640s，焦距 9mm，感光度 ISO100

拍摄大场景风光，对焦在画面的前 1/3 处是最好的选择，这样可以确保照片整体的清晰度较高

光圈 f/2.8，快门 8s，焦距 16mm，感光度 ISO1600

在夜晚的弱光场景中，相机可能无法完成自动对焦，这时应该选择手动对焦

光圈 f/3.2，快门 1/100s，焦距 123mm，感光度 ISO400

拍摄一些密集的网格后的对象时，相机的自动对焦往往会对在前面的网格上，但这并不是我们想要拍摄清晰的位置。这时应该选择手动对焦，对网格后的拍摄对象进行对焦

光圈 f/11，
快门 1/800s，
焦距 200mm，
感光度 ISO100
在强烈逆光的场景下，相机无法使用自动对焦，这时应该选择手动对焦进行拍摄

3.2.3 单点对焦与多点对焦

在场景、全自动等模式，相机会有多个对焦点同时工作，利用相机的所有自动对焦点进行对焦，而具体将焦点对在画面中的哪几个部位则由相机自动选择，这也就是我们经常可以在取景框中看到有多个焦点框同时亮起的现象，即所谓的多点对焦。（当然，在专业拍摄模式下，摄影师也可以设定多点对焦，激活所有对焦点就可以了。）

多点对焦优先选择距离最近和反差最大的对象进行对焦，其优点是能够更快地获得对焦。在拍摄人物的集体合影及建筑等照片时，这种对焦方式都是非常适用的。

光圈 f/4，
快门 1/320s，
焦距 200mm，
感光度 ISO100
多点对焦在捕捉高速运动的对象时非常有效，密集的对焦点总有一个能够捕捉到运动体，实现对焦

光圈 f/9，
快门 1/250s，
焦距 74mm，
感光度 ISO100
一般的静态风光场景，也可以选择多点对焦，这样会省去人工干预的麻烦

对焦不仅是一个机械的过程，还需要摄影师根据创作主题进行思考：画面的主体是哪里？哪里要实、要清晰，哪里要虚化？而后手动指定单一自动对焦点对准主体景物，引领相机完成自动对焦的过程。这就是专业的对焦方式——由摄影师手动选择单一对焦点，在需要的位置进行精确对焦，这也是专业摄影师通常的选择。而如果使用了相机的多点对焦，则最终画面中清晰的部分可能不是你想要的。

光圈 f/2.8，快门 1/500s，焦距 200mm，感光度 ISO100
多点对焦的缺点在于由相机自行决定清晰对焦的平面，对焦时相机会优先对距离最近且有明暗反差的位置对焦，这样一般情况下实现清晰合焦的位置总在最前面，可能并不是我们想要拍摄清晰的位置。例如这张照片，我们想要对焦远处大红的花朵，但多点对焦却会将对焦位置对在近处淡红的花朵上

光圈 f/2.8，快门 1/500s，焦距 200mm，感光度 ISO100
只有设定单点对焦，将对焦位置确定在远处大红的花朵上，这样最终才会拍摄出我们想要的效果

3.3 六大对焦区域模式的使用

3.3.1 自由点和扩展自由点

在对焦某些形体较小的景物时，适合选择单个的对焦点来拍摄，这时可以设定自由点这种对焦区域模式。自由点和扩展自由点这两种模式的区别主要在于自由点（也可以认为是定点）拍摄的对焦区域更小，能够穿过密集树枝中间

的孔洞、铁丝网等对其后的主体进行对焦；而扩展自由点模式则适合对一般的主体进行对焦，如对人物面部进行对焦等。

需要注意的是，对于大多数题材的照片拍摄，建议使用自由点对焦模式，能够快速实现对主体对象的对焦。

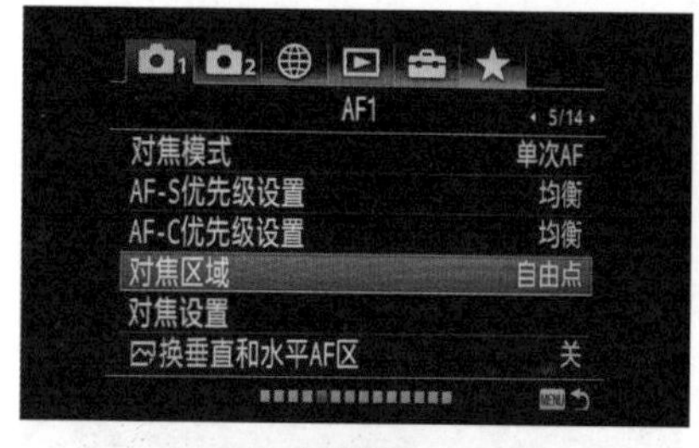

选择对焦区域

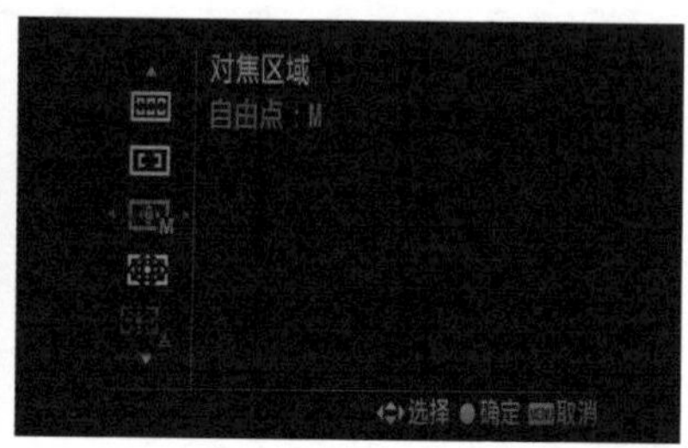

设定自由点进行对焦

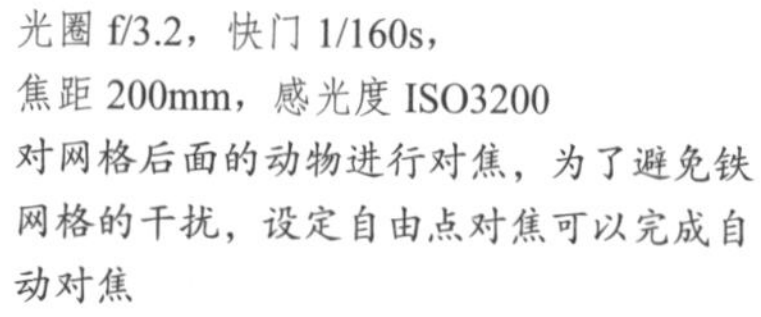

光圈 f/3.2，快门 1/160s，
焦距 200mm，感光度 ISO3200
对网格后面的动物进行对焦，为了避免铁网格的干扰，设定自由点对焦可以完成自动对焦

对焦区域
扩展自由点
选择 确定 取消

设定扩展自由点

对于一些较小，但运动幅度很小、动作很慢的对象，如果使用自由点无法快速捕捉到主体对象，那么就可以设定扩展自由点进行对焦，帮助摄影师快速实现清晰对焦。

光圈 f/4，快门 1/100s，焦距 200mm，感光度 ISO100
对于飘摇的狗尾草，使用简单的自由点可能无法快速对焦在想要的位置，这时设定扩展自由点能够获得更大的对焦区域，快速实现合焦

3.3.2 广域和区

当拍摄运动的对象时，单个的对焦点可能无法及时、准确地覆盖到主体上，这样就会造成脱焦的严重问题。设定广域对焦，对焦区域扩大，这样一次启动多个对焦点，覆盖更大一些的区域，更容易捕捉到运动主体。

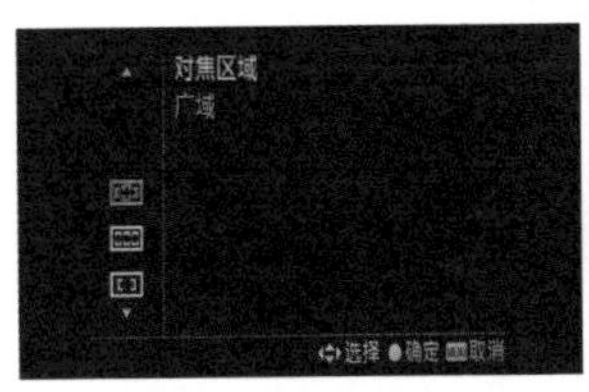

设定广域对焦

光圈 f/2.8，快门 1/350s，焦距 200mm，
感光度 ISO100，曝光补偿 -0.3EV
针对处于运动当中的马匹，设定广域的方式进行对焦，多个对焦点有助于摄影师捕捉到马匹的头部

与广域对焦相比，区对焦适合捕捉形体小一些、运动速度更快的对象。广域对焦可以一次性激活稍大区域的对焦点进行捕捉，而区对焦则可以激活更多的对焦点，这样几乎能够快速捕捉到任何运动的主体。

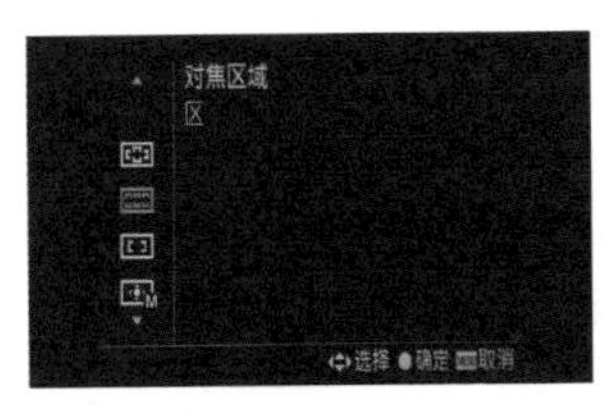

设定区对焦

光圈 f/8，快门 1/30s，焦距 20mm，感光度 ISO100
针对本画面，设定区对焦，较大的对焦面积可以帮助摄影师快速实现对焦

区对焦比广域对焦的操作要简单一些，可以在考虑构图的同时快速捕捉被摄体。

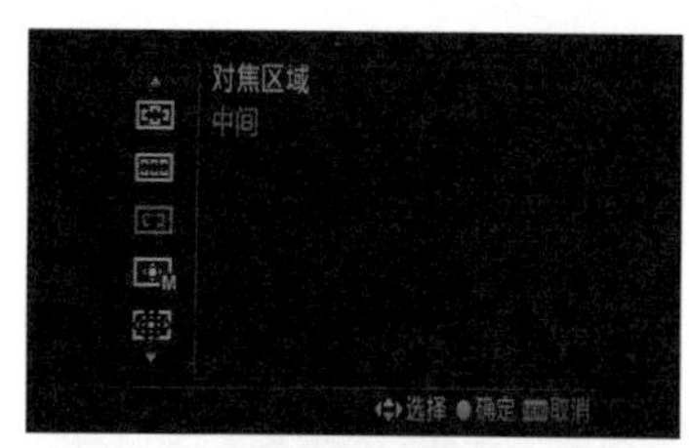

设定中间对焦

3.3.3 中间

针对形体非常小、运动速度非常快的对象，还可以设定中间对焦一次性激活所有的对焦点，进行全方位捕捉，这样对焦成功率最高。在拍摄无规律运动的主体，或者需要快速捕捉主体时，使用这种对焦非常有效。

另外，还可以在拍摄一些集体合影、大景深的风光题材时使用这种模式。

光圈 f/8，快门 1/50s，焦距 35mm，感光度 ISO100，曝光补偿 -0.3EV
使用中间对焦，然后锁定对焦移动视角重新构图，也容易得到自己想要的画面

3.3.4 锁定 AF

设定锁定 AF 且扩展自由点的对焦区域

如果半按快门按钮，相机会在所选 AF 区域内跟踪被摄体。将对焦模式设为锁定 AF 时，可以用控制拨轮的左 / 右侧选择跟踪开始区域，然后对主体位置进行持续的对焦。

光圈 f/2.8，快门 1/200s，
焦距 165mm，感光度 ISO100，
曝光补偿 -0.3EV
开始时对准野鸭子的头部，锁定 AF 后，相机视角跟随鸭子，可实现持续的对焦，确保摄影师随时按下快门都能捕捉到清晰的画面

3.4 3种对焦模式的用法：单次还是连续

一般拍摄时，自动对焦有 3 种模式，分别为单次 AF（AF-S）、连续 AF（AF-C）和自动 AF（AF-A）。

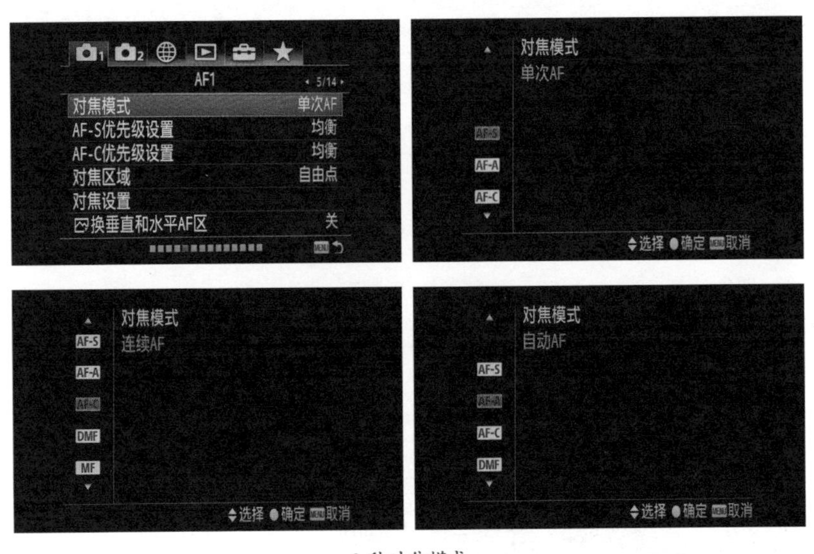

3 种对焦模式

3.4.1 单次 AF

单次 AF 也称为静态对焦，适用于拍摄自然风光等静止的主体。在该模式下，如半按快门按钮，相机将实现一次对焦。单次 AF 的对焦精度最高，可以确

保对焦位置成像非常清晰、锐利，是日常拍摄的主要对焦模式。

但是，这种对焦方式的合焦速度要慢一些，一旦在合焦的过程中被拍摄的对象发生了运动，就拍摄不到清晰的照片了。所以，单次 AF 适合拍摄静态画面，对于大部分的静态题材，使用单次 AF + 单点对焦的拍摄组合，能够拍摄到清晰度最高的画面。

光圈 f/8，快门 1/50s，焦距 20mm，感光度 ISO100
拍摄静态的花卉、人像等题材时，高精度的单次 AF 是正确选择

3.4.2 连续 AF

连续 AF，虽然对焦精度有所欠缺，但对焦速度很快，可以确保瞬间完成对焦。即便是高速运动的对象，也能被相机捕捉下来。

拍摄高速运动的对象时，应该优先关注相机能否快速完成对焦，捕捉到清晰画面。单次 AF 的速度偏慢，完成对焦的过程中，运动的对象已经发生了移动，拍摄到的画面就会不清晰。因此，应该选用能够连续对焦的连续 AF

光圈 f/4，快门 1/800s，焦距 400mm，感光度 ISO200

3.4.3 自动 AF

至于自动 AF，则是一种比较特殊的模式。使用这种模式时，如果被拍摄的对象突然由静止状态切换为运动状态，相机就会自动切换为连续 AF 进行持续对焦。如果拍摄时被拍摄的对象依然是静止状态，那么最终完成拍摄时的对焦模式就是单次 AF，确保有更好的清晰度。自动 AF 可以说是一种预警性的智能模式。

光圈 f/4，快门 1/640s，焦距 500mm，感光度 ISO200
拍摄随时可能产生运动状态的对象时，自动 AF 是最佳选择

3.5 锁定对焦的用与不用

拍摄时，大多数情况下被拍摄的对象并不在画面的中央，这时可以通过提前改变对焦点位置来实现拍摄时的对焦。此外，还有一种更常用的方法，那就是先对被拍摄的对象对焦，然后锁定对焦，最后重新构图拍摄。具体的操作是

先半按快门对被拍摄的对象对焦，然后保持快门的半按状态不要松开，移动相机的取景视角进行构图，构图完成后完全按下快门，完成拍摄。

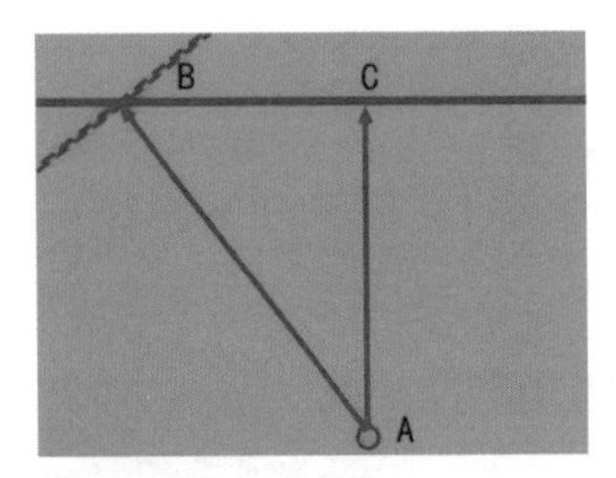

相机位于 A 点，拍摄时先对焦在被拍摄的对象 B 上，然后锁定对焦改变构图，此时的拍摄距离就变为了 AC 的长度，相对于对焦距离 AB 发生了改变，这会导致拍摄的画面清晰度变差

光圈 f/11，快门 1/320s，焦距 39mm，感光度 ISO100
锁定对焦在设定中小光圈拍摄一些远距离的风光题材时，影响不大，因此较为常用

锁定对焦是摄影时常用的对焦方法，但在拍摄近距离人像和花卉题材时最好不要使用。因为这种方法有一个问题：对焦后再轻移视角，焦平面也会产生轻微的变动。这在一些大场面的风光题材中影响较小，但若用于近距离的人像、花卉等题材，影响就很大了。

第4章

光影明暗——测光与曝光

人眼在一天的不同时间、不同光线条件下看到的环境明暗是不同的。例如，正午阳光下我们会看到非常明亮的场景，而夜晚则是漆黑一片。这是因为人眼能够自行调整，以识别不同光线下的环境。拍摄时，如果想要相机识别并体现所拍摄环境的明暗程度，就需要测光与曝光。

本章以索尼 α7R Ⅳ为例进行讲解。

4.1 测光：准确曝光的基础

我们看到雪地很亮，是因为雪地能够反射接近 90% 的光线；我们看到黑色的衣物较暗，是因为这些衣物吸收了大部分光线，只反射了约 10% 的光线；在白天的室外，环境会综合天空、水面、植物、建筑物、路面等反射的光线，整体的光线反射率在 18% 左右。由此我们知道，物体明暗主要是由其反射率决定的，物体表面的结构和材质不同，反射率也不相同，反射的光线自然有强有弱，所以我们看到的物体是有亮有暗的。

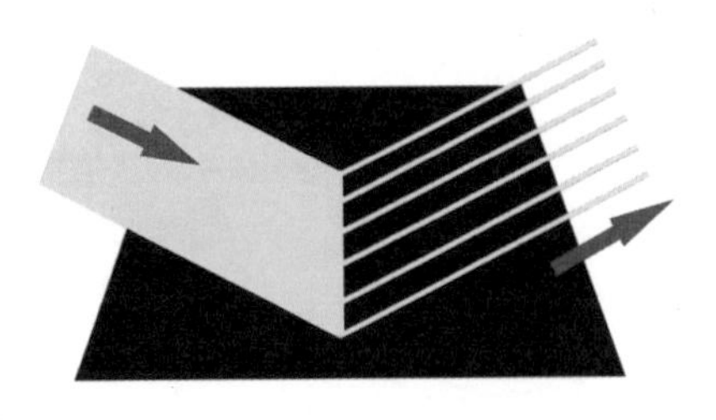
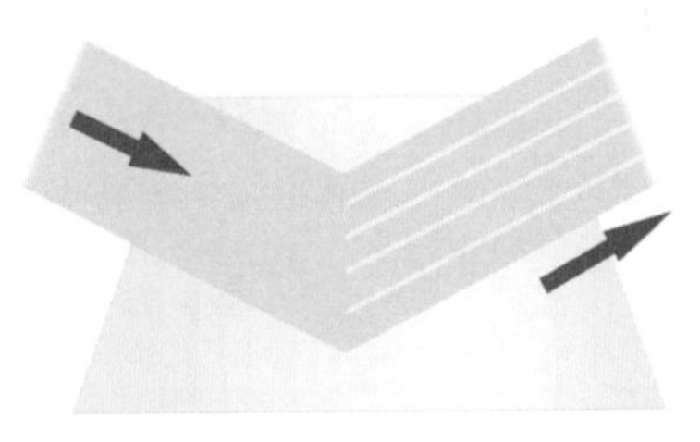

较暗的场景光线反射率低，较亮的场景光线反射率高

相机与人的眼睛一样，主要通过环境反射的光线来判定环境中各种景物的明暗。在拍摄时半按快门，相机会启动测光功能，光线会通过镜头进入机身顶部的测光感应器，测光感应器将光信号转换为电子信号，再传递给相机的处理器，这就是相机对环境进行测光的过程。相机会根据这段时间内进入的反射光线量，再结合约 18% 的环境反射率来计算环境的明暗度，确定曝光参考值。

光圈 f/13，
快门 1/25s，
焦距 24mm，
感光度 ISO100
如果相机测光准确，拍摄出的照片画面明暗与实际场景基本吻合

测光不准确情况之一：曝光不足

测光不准确情况之二：曝光过度

4.2 测光模式及其适用场合

索尼 α 系列相机根据取景范围内光线测量的区域和计算权重的不同，将测光模式分为多重测光、中心测光、点测光、整个屏幕平均测光和强光测光 5 种，其中点测光的测光区域默认状态下为“标准”，摄影师可以根据实际使用习惯，改变测光区域的大小。

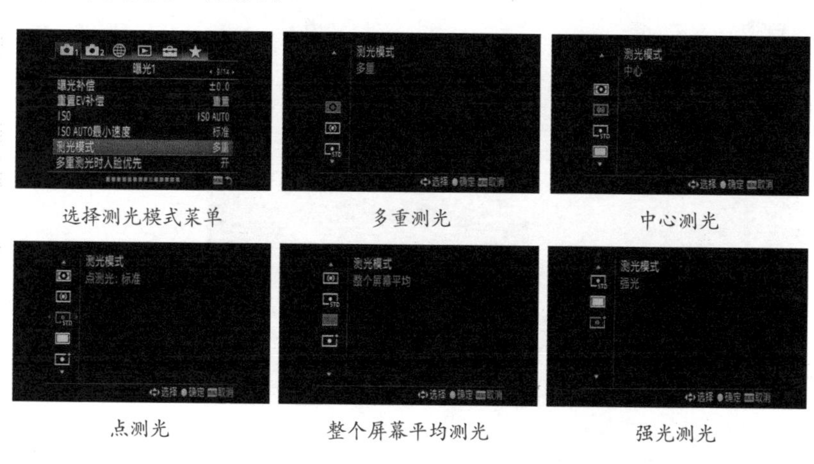

选择测光模式菜单　　多重测光　　中心测光

点测光　　整个屏幕平均测光　　强光测光

光圈 f/8，
快门 1/60s，
焦距 24mm，
感光度 ISO100
拍摄出曝光准确的照片的前提是相机对场景进行了正确的测光。在拍摄时还应该注意，使用不同的测光方式，最终拍摄到的照片明暗影调是不同的

4.2.1 多重测光：适合风光、人像等多种题材

索尼 α 系列相机的测光系统将画面划分为多个区域，先对画面的广泛区域进行测光，再经过机内处理器的运算得出测光结果。在这种智能化测光模式

中，相机调用内置的大量优秀摄影作品的曝光数据，对拍摄时遇到的各种光线条件进行分析和总结。在自动曝光的计算过程中，相机会区分主体位置（焦点景物）的亮度、画面整体亮度、背景亮度等，综合计算后确定最终的曝光数据。多重测光的测光区域较广，并且加入了对色调分布、色彩、构图及距离信息的分析与判断，适应范围最广，色彩还原真实、准确，因此多重测光被广泛运用于风光、人像等题材的拍摄中。

光圈 f/8，
快门 1/320s，
焦距 312mm，
感光度 ISO100

在一般的风光题材中，多重测光的使用相当频繁。本画面使用多重测光拍摄，各部分的曝光都相对比较准确、均匀

光圈 f/11，
快门 1/400s，
焦距 36mm，
感光度 ISO100

对于光线复杂的场景，多重测光也能兼顾各部分需求，得到曝光合理的照片

4.2.2　中心测光：适合风光、人像、纪实等多种题材

使用中心测光模式测光时，相机会把测光重点放在画面中央，同时兼顾画面的边缘。准确地说，负责测光的元件会将相机的整体测光值有机地分开，中央部分的测光数据占绝大部分比例，而画面中央以外的测光数据只占小部分比例，起到辅助作用。

一些有经验的摄影师更偏好使用这种测光模式，通常在纪实拍摄（如街头抓拍等）时使用，有助于他们根据画面中心主体的亮度决定曝光值。这种测光模式更倚重于摄影师自身的拍摄经验。经验丰富的摄影师能够通过对黑白影像效果进行曝光补偿，得到他们心中理想的曝光效果。

光圈 f/1.4，快门 1/40s，焦距 35mm，
感光度 ISO400，曝光补偿 +0.3EV
使用中心测光模式对人物部分测光，能够让这部分曝光比较准确，并适当兼顾其他部分，确保画面有一定的环境感

光圈 f/8，快门 1/125s，焦距 40mm，
感光度 ISO100，曝光补偿 +0.3EV
利用中心测光对画面中的花朵部分测光，优先确保这部分曝光准确

4.2.3　点测光：适合风光、人像、花卉、微距等多种题材

点测光，顾名思义，就是只对一个点进行测光，该点通常是整个画面中最重要的区域。许多摄影师会使用点测光模式对人物的重点部位（如眼睛、面部、肢体或具有特点的衣服等）进行测光，使这些重点部位成为欣赏者的视觉中心并突出主题。

采用点测光模式进行测光时，如果测画面中的亮点，则大部分区域会曝光不足；如果测画面中的暗点，则会出现较多位置曝光过度的情况。一条比较简单的规律就是对画面中要表达的重点或主体进行测光。

使用点测光虽然比较麻烦，但是能拍摄出许多有意境的画面，大部分专业摄影师经常使用点测光模式。拍摄风光、人像、花卉、微距等多种题材时，采用点测光模式可以对主体进行重点表现，使其在画面中更具表现力。

光圈 f/11，
快门 1/80s，
焦距 70mm，
感光度 ISO100
采用点测光模式测被摄主体人物的面部皮肤，使得人物的肤色曝光准确，这也是人像摄影优先考虑的问题

4.2.4 整个屏幕平均测光：适合大场景风光题材

整个屏幕平均测光模式类似于多重测光模式，拍摄时会对画面整体进行平均测光，而不会过多考虑对焦点与非对焦位置的状态。利用这种测光模式拍摄，最终得到的曝光结果不容易因构图和被摄体位置的不同而发生变化。

整个屏幕平均测光虽然类似于多重测光，但从摄影的角度来看，效果与多重测光并不相同。这种测光模式更适合摄影初学者，适合拍摄风光、旅游纪念照等多种题材。

光圈 f/16，
快门 1/80s，
焦距 54mm，
感光度 ISO100，
曝光补偿 +1EV

对整个画面各个部分进行非常平均的测光和曝光，这样拍摄出的散射光场景会显得比较扁平、亮度均匀。但照片的层次只能通过场景中自身景物的色彩等来呈现

4.2.5 强光测光：适合逆光拍摄

使用强光测光模式拍摄，相机会检测所拍摄场景中的高亮部分，并以此为基准进行曝光，这样可以避免画面中出现严重的高光溢出问题。

使用这种测光模式在光线强烈的场景中拍摄时，更容易得到曝光合理的照片。这种测光模式适合拍摄旅行纪念类题材，以及拍摄一些光线强烈或其他大光比场景。

光圈 f/16，
快门 1/100s，
焦距 12mm，
感光度 ISO100
在强光测光的设定下，相机会优先确保照片中的高光部分不会出现大面积的过曝。从本例中可以看到太阳部分的曝光相对是比较合适的

4.3 曝光补偿的使用技巧：白加黑减定律

曝光补偿设定菜单

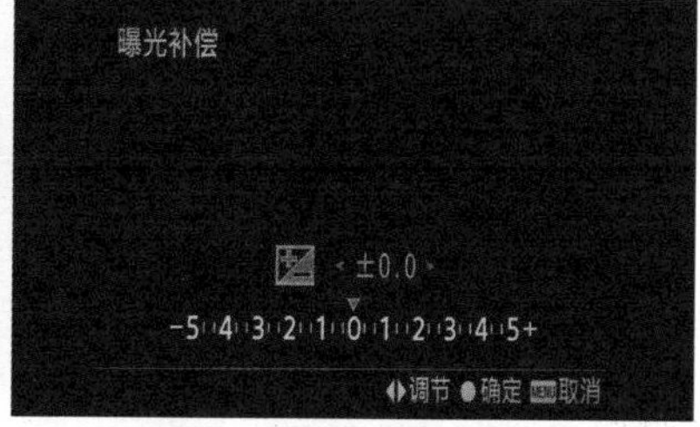

设定相机内的曝光补偿

曝光补偿就是在相机自动曝光的基础上，有意识地改变速度与光圈的曝光组合，让照片效果更亮或更暗。摄影师可以根据拍摄需要增加或减少曝光补偿，以得到曝光准确的画面。索尼 α 系列相机可以设置 ±5 级的曝光补偿，摄影师在使用 A（光圈优先自动曝光）、S（快门优先自动曝光）或 P（程序自动曝光）模式时，可根据需要进行调节。

所谓“白加黑减”主要是针对曝光补偿的应用来说的。有时我们发现拍摄出来的照片会比实际景物偏亮或偏暗，不是非常准确。这是因为在曝光时，相机的测光是以环境反射率 18% 为基准的，那么拍摄出来的照片整体明暗度也会接近普通的正常环境。因此，拍摄出来雪白的环境会变得偏暗一些，呈现出灰色；而纯黑的环境会变得偏亮一些，呈现出灰色。要使拍摄雪白的环境时画面不发灰，就要增加一定量的曝光补偿值，称为“白加”；要使拍摄纯黑的环境时画面不发灰，就要减少一定量的曝光补偿值，称为“黑减”。

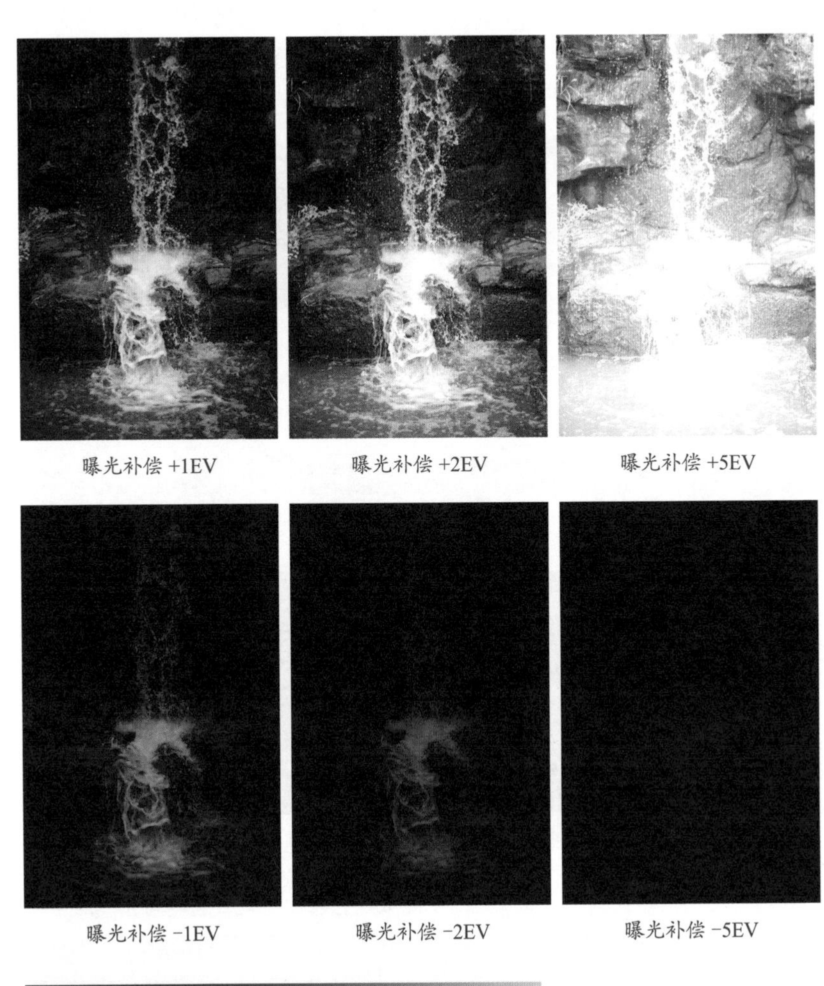

曝光补偿 +1EV　曝光补偿 +2EV　曝光补偿 +5EV

曝光补偿 -1EV　曝光补偿 -2EV　曝光补偿 -5EV

光圈 f/11，
快门 1/500s，
焦距 38mm，
感光度 ISO100，
曝光补偿 +1EV

在雪地或雾景中拍摄时，相机会自动降低曝光值，所以摄影师必须手动增加曝光补偿值，还原雪地或雾景的亮度与色彩

日出之前的荷塘，整个环境偏暗，这时应该采用“黑减”的思路减少一定曝光补偿值，才能准确还原真实画面。此外，这样做还有一个好处，那就是让画面的幽暗与偏亮的花朵形成一定的对比，使视觉效果更好

光圈 f/7.1，快门 1/15s，焦距 150mm，感光度 ISO100，曝光补偿 -0.3EV

4.4 自动包围曝光

包围曝光也称括弧曝光，是以当前的曝光组合为基准，连续拍摄 2 张或更多减 / 加曝光的照片。

在光线复杂的场景下，有时摄影师难以对曝光及曝光补偿值做出准确的判断，同时也没有充裕的时间在每次拍摄后查看结果并调整设定，这时使用自动包围曝光功能，可以按照设定的曝光补偿量，通过改变光圈与快门速度的曝光组合，在短时间内记录下多张曝光量不同的影像以备挑选，避免在复杂光线条件下出现曝光失误的情况。

通过使用自动包围曝光功能，观察增加与减少曝光量的拍摄效果，我们可以积累有关曝光补偿的经验，日后遇到类似题材或光线条件时，就能够快速做出正确的曝光补偿设定。

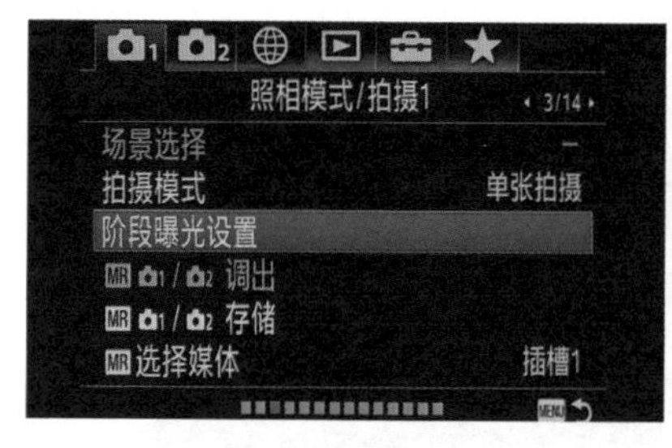

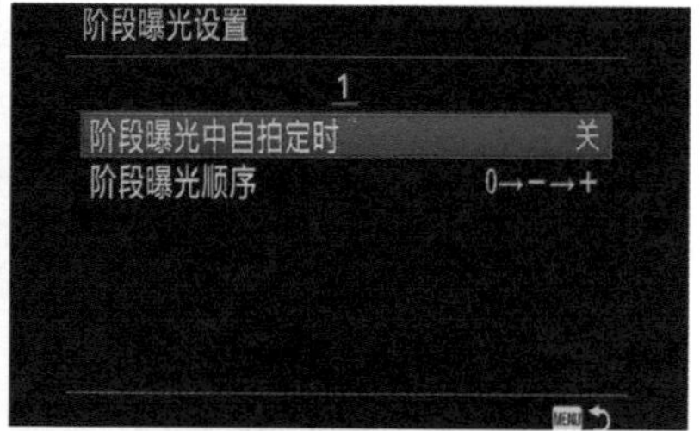

在索尼 α 系列相机中，自动包围曝光功能叫作“阶段曝光”。进入拍摄菜单，摄影师可以对自动包围曝光的内容进行设定

进行自动包围曝光的目的之一就是摄影师可以在多张曝光量不同的照片中，根据创作意图和审美取向，选择最符合自己标准的一张。

标准曝光，无补偿值的画面效果

降低曝光补偿值后的画面效果

增加曝光补偿值后的画面效果

进行自动包围曝光的另外一个目的则在于在后期软件中可以对不同包围曝光的照片进行 HDR 合成，得到曝光效果理想的画面。

4.4.1 改变自动包围曝光的图片顺序

索尼 α 系列相机内设定默认自动包围曝光照片顺序为“0（正常）→ -（不足）→ +（过度）”。从观看方便的角度考虑，可更改为“-（不足）→ 0（正常）→ +（过度）”，这样拍摄 3 张照片后，3 张照片将按“减少曝光、正常曝光、增加曝光”的顺序排序，方便摄影师对比观察细微的曝光变化，以选定最佳曝光的照片。

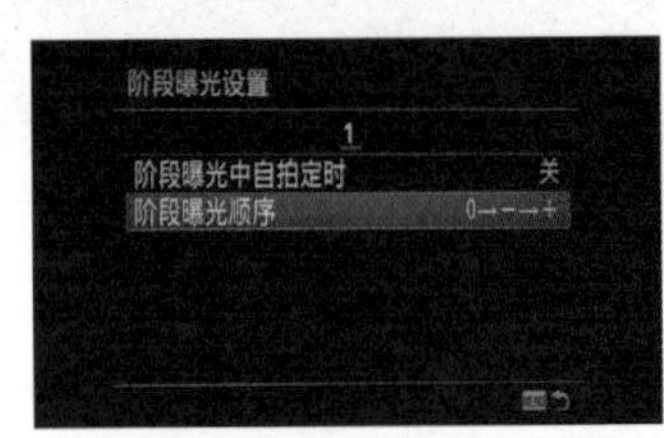

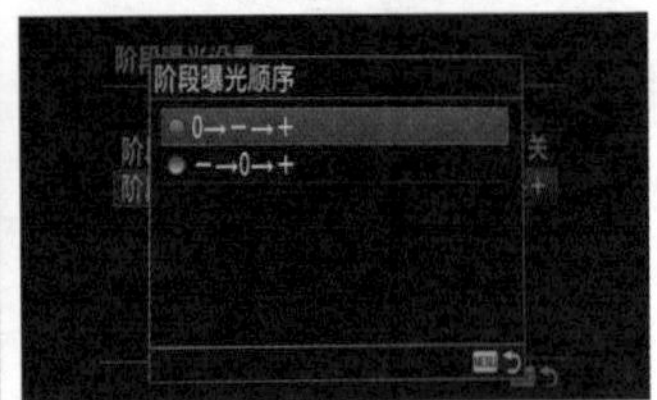

通过自定义菜单可以更改自动包围曝光照片拍摄的顺序

4.4.2　关闭自动包围曝光

自动包围曝光是在特殊光线条件下进行摄影创作、用以突出光影变化的有力武器，但开启后每次拍摄都会拍摄多张照片，在拍摄日常题材时并不适用。因此，建议摄影师在拍摄完自动包围曝光作品后关闭自动包围曝光——只要将拍摄模式设置为单张拍摄即可，再次拍摄时将只拍摄 1 张正常曝光的照片。

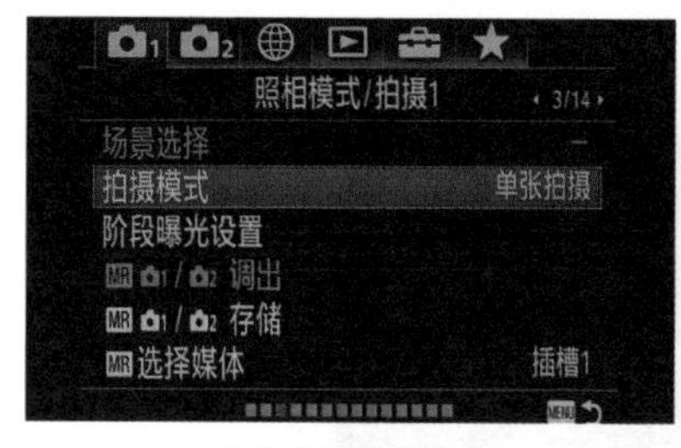

设定拍摄模式菜单

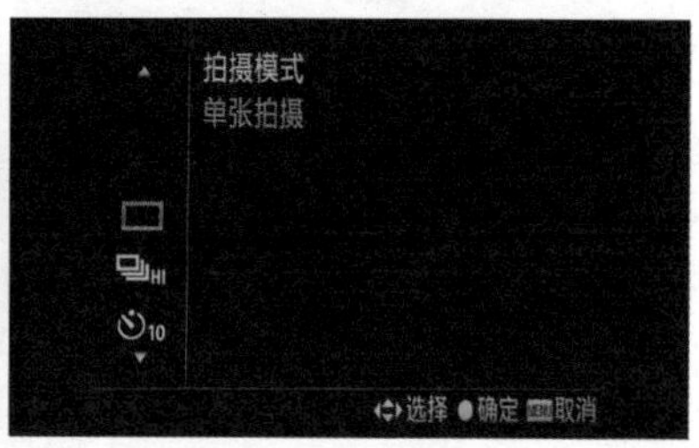

选择拍摄模式

4.5　锁定曝光设定，保证主体的亮度表现

通常对拍摄主体进行测光后还会调整拍摄视角，以使构图更理想。但这样做会使曝光数据发生变化，主体曝光就不再准确了。在这种情况下，可以使用锁定曝光的功能。

具体操作为对要曝光的部分进行点测光，半按下快门后确定对焦，同时相机会进行测光，然后按下相机上的 AEL 按钮锁定曝光，即锁定拍摄主体的测光数据，将测光值暂时记忆下来，避免重新构图时受到新的光线干扰，造成曝光值变化。无论画面的其他部分如何，只要锁定了之前测光得到的曝光数据，被摄主体的曝光就不会发生变化。然后按下快门，完成拍摄。

按下相机上的 AEL 按钮可以锁定曝光

对主体进行重点测光

光圈 f/2.8，快门 1/350s，焦距 200mm，感光度 ISO100，曝光补偿 -0.3EV
使用中心测光模式对画面中的马匹进行测光，让其曝光准确，同时兼顾周边环境的曝光，使画面的环境感更强

4.6 高动态范围的完美曝光效果

4.6.1 认识动态范围与宽容度

在数码摄影领域，我们将图像所包含的从“最暗”至“最亮”的范围称为动态范围。动态范围越大，所能表示的层次越丰富。

数码相机的宽容度（感光元件按比例正确记录景物亮度范围的能力）是有限的。数码相机在存储 JPEG 格式时，图像记录的动态范围最大可以涵盖接近 10 级的亮度范围，而人眼所能觉察的亮度范围是 14 ～ 15 级。如果一个场景的光比过大，超出相机的动态范围，那么拍摄出来的照片就会丢失暗部或亮部信息，形成“死黑”或“惨白”。除非出于创作的需要，一般在拍摄中应尽量避免照片上出现纯黑或纯白的“零”信息区域。这就需要摄影师在拍摄中控制光比，将亮部与暗部的反差保持在合理范围内。

光圈 f/7.1，快门 13s，焦距 14mm，感光度 ISO100，曝光补偿 -0.3EV
光比很大的场景要格外留意曝光控制，尽可能保留较丰富的层次。如果拍出来云雾一片惨白，而楼房墙体背光面一片漆黑，这样的照片是拍摄失败的照片

雨、雾和多云的天气，阳光被遮挡在云层之后，光线强度较弱，以柔和的散射光线为主，这样的场景通常反差较小，曝光难度较低。

光圈 f/9，快门 1/100s，焦距 24mm，感光度 ISO100
散射光线下场景反差较小，摄影师可以通过构图和对画面元素进行布局，引导视觉中心的形成。如本画面将近处的长城城楼作为视觉中心，画面就变得有序起来

数码相机的一般曝光原则是“宁欠勿过”，这是由感光元件的工作原理决定的。过曝损失的细节，后期无论如何调节也无法找回；而看似漆黑一团的欠曝部分，通过软件可以发掘出大量的细节（特别是RAW格式文件）。因此在使用数码相机拍摄时，如果不能兼顾亮部和暗部，可遵循“宁欠勿过”的原则来曝光。

4.6.2 DRO（动态范围优化）

索尼微单相机特有的DRO（动态范围优化）功能专为拍摄光比较大、反差强烈的场景而设计，目的是让画面中高光与阴影部分都能保有细节和层次。此功能与多重测光结合使用效果尤为显著。

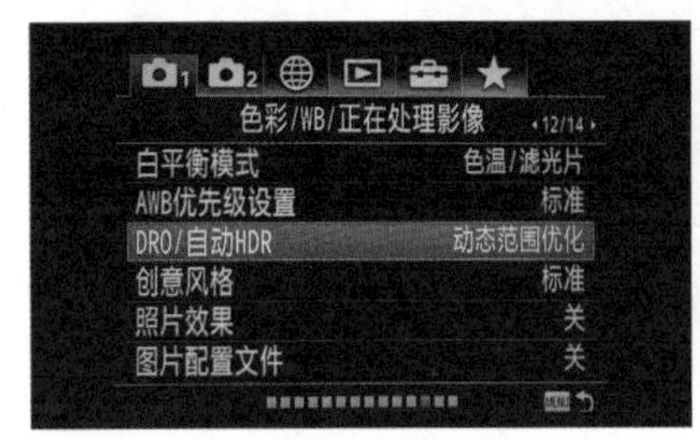

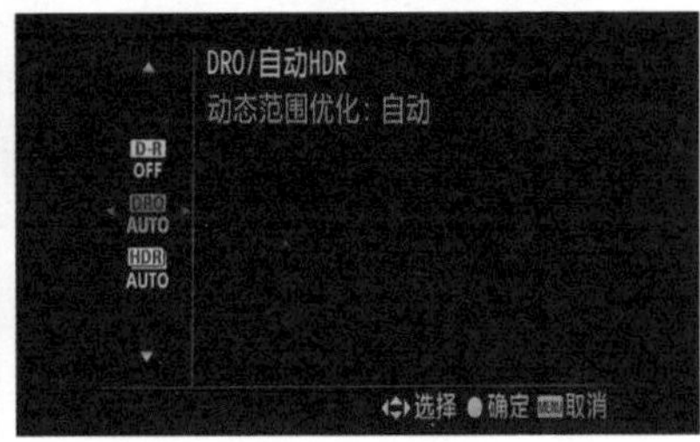

索尼微单相机的DRO功能除自动选择外，还可以设定为自动或Lv1（低）~Lv5（强）5个等级

光圈f/9，快门1/100s，焦距38mm，感光度ISO100
在草原强烈的光线下，处于蒙古包阴影里的人物面部很容易曝光不足，而开启DRO功能后完美地解决了这一问题

光圈 f/16，快门 1/30s，焦距 14mm，感光度 ISO100，曝光补偿 -0.3EV

画面中天空亮度较高，如果要让天空的云层曝光准确，尽量保留更多细节，地面势必就会曝光不足，变得非常暗。这时开启 DRO 功能则可以让天空与地面的细节都更加完整

第5章

照片虚实与画质

单纯从技术的角度来讲，拍摄一张合理的照片，我们只需要做好两件事：第一，保证合适的曝光效果；第二，控制不同的照片效果，包括画面虚实、画质的细腻程度。曝光在前面的章节中已经讲过，本章我们主要学习如何做好第二件事。

本章以索尼 α7R Ⅳ为例进行讲解。

5.1 照片虚实

照片背景的虚化，通常用景深描述。通俗地说，景深就是虚实，是指对焦点前后能够看到清晰对象的范围。景深以深浅来衡量，景深较深，即虚化程度低，远处与近处的景物都非常清晰；景深较浅，即清晰景物的范围较小，只有对焦点周围的景物是清晰的，远处与近处的景物都是虚化的、模糊的。

对焦位置的画质最为清晰，对焦位置前后会逐渐变得模糊。在人眼所能接受的模糊范围内，就是景深

光圈 f/1.4，
快门 1/2000s，
焦距 50mm，
感光度 ISO100
本照片中，前景的蝴蝶是清晰的，处于景深范围内，背景中虚化的花朵处于景深范围外

5.1.1 景深四要素之一：光圈

之前介绍过，光圈值是影响曝光的要素之一，设定大光圈可以提高曝光量，设定小光圈可以降低曝光量。此外，光圈还有另外一个极为重要的作用，那就是影响照片的虚化效果。

用大光圈拍摄时，对焦点之外的区域，会有更强的虚化；用小光圈拍摄时，对焦之外的区域，虚化效果要弱一些。也就是说，光圈越大，景深越浅；光圈越小，景深越深。

光圈 f/2.8，快门 1/200s，焦距 200mm，感光度 ISO100
拍摄花卉、人像等题材时，使用大光圈，可以确保有浅景深，即对焦位置清晰，而背景虚化模糊，这样可以达到突出主体的目的

光圈 f/11，快门 4s，焦距 16.7mm，感光度 ISO100，曝光补偿 -0.3EV
拍摄城市类题材时，设定中小光圈，可以确保得到深景深画面，即远近景物都非常清晰，尽收眼底

5.1.2 景深四要素之二：焦距

光圈对景深的影响非常明显，但焦距长短也会对最终拍摄画面中的景深效果造成影响。一般来说，焦距越长，景深越浅；焦距越短，景深越深。

光圈 f/2.8，快门 8s，焦距 14mm，感光度 ISO4000
这张照片为 14mm 竖拍全景接片，即便使用了 f/2.8 的较大光圈拍摄，景深仍然较深，这是因为焦距很短

光圈 f/7.1，快门 1/320s，
焦距 400mm，感光度 ISO800
这张照片使用 f/7.1 的小光圈拍摄，但画面景深仍然很浅，背景严重虚化，这是因为拍摄时使用了 400mm 的超长焦距

5.1.3 景深四要素之三：物距

拍摄物距是指拍摄者与拍摄对象的距离，更准确地说是相机镜头与对焦点位置的距离。物距越大，景深越深；物距越小，景深越浅。

光圈 f/5，快门 1/400s，
焦距 135mm，感光度 ISO100
这张照片，虽然光圈并不算小，但景深却很深，这是因为物距很大。我们明显可以感觉到拍摄者距离拍摄主体是非常远的

5.1.4 景深四要素之四：间距

事实上，影响景深虚实效果的因素还有景物距离背景的远近，这个距离就叫间距。一般来说，间距越大，景深越浅；间距越小，景深越深。

总的来说，我们可以认为影响景深的有 4 个要素，分别为光圈、焦距、物距和间距。要注意的是，间距其实并没有改变景深的能力，只是从画面的视觉效果上来看，给人景深深浅不同的感觉。

光圈 f/2.8，快门 1/640s，焦距 185mm，感光度 ISO100

因为主体对象距离背景墙体太近，所以几乎无论采用哪种设定，照片看起来总会有深景深

光圈 f/16，快门 1/40s，焦距 70mm，感光度 ISO100，曝光补偿 +0.3EV

因为前景与背景的距离太远，所以几乎无论采用哪种设定，照片看起来总会有浅景深，背景总是虚化模糊的

5.2 一般景深控制技巧

掌握了影响景深的多种要素之后，便可以在实际当中应用了。其实大部分场景的景深选择是非常简单的，也是一些常识，但为了避免大家拍出景深不恰当的照片，下面对一些常见场景的景深控制进行介绍。

光圈 f/11，快门 1/500s，焦距 105mm，感光度 ISO400

浅景深的花草照片，能够凸显花朵等重点景物的形态

一般来说，拍摄花卉类题材时，大多数情况下应该使用相对较长的焦距，保持较近的物距并开大光圈，再选择一个能够远离背景的角度来控制间距，最终得到浅景深的效果，来强化和突出花卉主体自身的美感。

拍摄人像写真，浅景深也是最为常见的选择，拍摄手法与拍摄花卉没有太大不同。如果非要说区别，则在于物距的控制：一般来说，拍摄人像时不要过于靠近人物，否则可能会让人物面部产生一些几何畸变。通常长焦距、大光圈、大物距的组合，已经能够确保拍摄出浅景深的人像效果，突出人物主体自身的美感。

浅景深人像的目的是突出人物形象。要注意的是，在棚拍人像时，干净的背景已经能够让主体人物非常突出，并且这种人像照片往往有后续抠图等的需求，所以大多时候没有必要刻意追求浅景深效果。

光圈 f/1.6，快门 1/1600s，焦距 35mm，感光度 ISO100
拍摄人像写真时，可能还要借助于前景的虚化，来丰富画面的内容和影调层次，让画面更具美感

光圈 f/9，快门 1/125s，焦距 50mm，感光度 ISO125
室内棚拍人像是一个特例，大多需要拍摄深景深效果，让人物整体都清晰显示出来

相比拍摄人像而言，拍摄风光要复杂一些，大多数风光照片要有深景深，让远近景物都能清晰显示。要得到这种效果，就需要综合应用控制景深的多个要素，灵活掌握。

光圈 f/11，快门 1/13s，
焦距 18mm，
感光度 ISO100，
曝光补偿 -0.7EV
一般来说，短焦距、中小光圈能够确保在大多数时候拍到整体都清晰的风光画面

光圈 f/1.4，
快门 15s，
焦距 24mm，
感光度 ISO1600
超广角镜头可以确保即便使用了大光圈拍摄，仍然能够得到较大的景深效果。这种技巧在拍摄星空时经常使用

5.3 控制照片画质

5.3.1 感光度 ISO 的来历与等效感光度

感光度 ISO 原是作为衡量胶片感光速度的标准，它是由国际标准化组织制定的。在传统相机使用胶片时，感光速度是附着在胶片片基上的卤化银元素与光线发生反应的速度，摄影师需要根据拍摄现场光线强弱和不同的拍摄题材，选择不同感光度的胶片。常见的有 ISO50、ISO100 的低速胶片，适用于拍摄风光、产品、人像；ISO200、ISO400 的中速胶片，适用于拍摄纪实、纪念照；还有 ISO800、ISO1000 的高速胶片，适用于体育运动的拍摄。

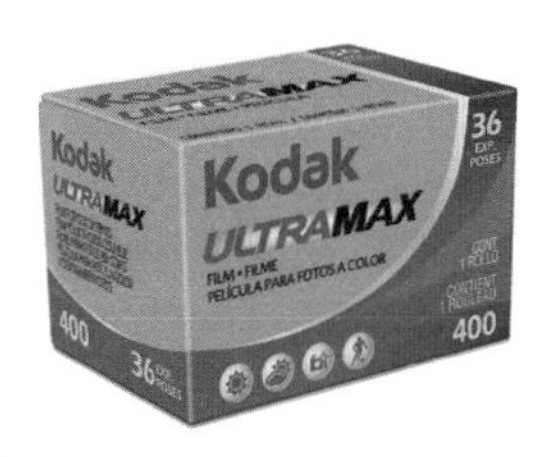

数码相机感光元件对光线的敏感程度可以等效转换为胶卷的感光度值，即等效感光度

数码相机中，低感光度下，感光元件对光线的敏感程度较低，不容易获得充分的曝光值；提高感光度数值，则感光元件对光线的敏感程度变高，更容易获得足够的曝光值。这与光圈大小对曝光值的影响是一个道理。

当前主流数码相机的常规感光度一般为 ISO100 ～ ISO12800。而索尼 α7R Ⅳ 的常规感光度范围是 ISO100 ～ ISO32000，并可以扩展到 ISO50 ～ ISO102400。

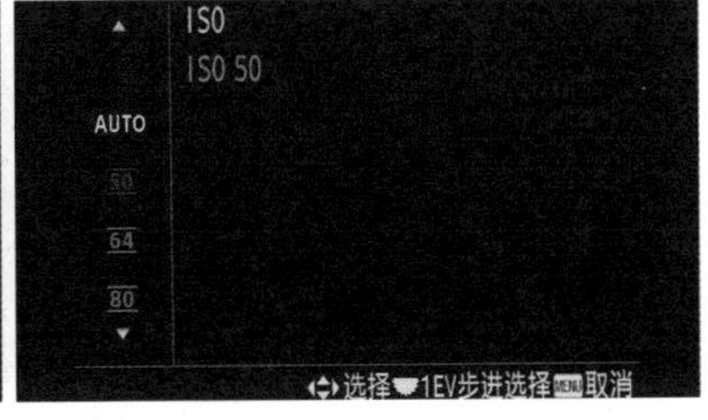

默认状态下，自动感光度的范围是 ISO100 ~ ISO6400。当然，也可以设定更大范围的自动感光度

5.3.2 噪点与照片画质

曝光时感光度 ISO 的数值不同，最终拍摄画面的画质也不相同。调整感光度 ISO，就是改变感光元件（CCD/CMOS）对于光线的敏感程度，具体原理是在原感光能力的基础上进行增益（比如乘以一个系数），增强或降低所成像的亮度，使原来曝光不足偏暗的画面变亮，或使原来曝光正常的画面变暗。这就会造成另外一个问题，在加亮时，同时会放大感光元件中的噪点，这些噪点会影响画面的效果，感光度 ISO 数值越高（放大程度越高），噪点越明显，画质就越粗糙；如果感光度 ISO 数值较小，则噪点就变得很弱，此时的画质比较细腻。

光圈 f/2.8，
快门 15s，
焦距 20mm，
感光度 ISO2000

设定较高感光度 ISO，并且延长曝光时间，这样可以得到足够明亮的照片。但这样画面中不可避免会产生噪点，并且感光度 ISO 越高，曝光时间越长，噪点越多

5.3.3 降噪技巧

为降低高感光度所拍摄照片中的噪点，优化照片画质，通常需要开启相机中的高 ISO 降噪功能。这种降噪功能通过相机内的模拟计算来消除噪点。越强的降噪能力，对噪点的消除效果越好。但是强降噪也会让照片的锐度下降，并损失一些正常的像素细节。

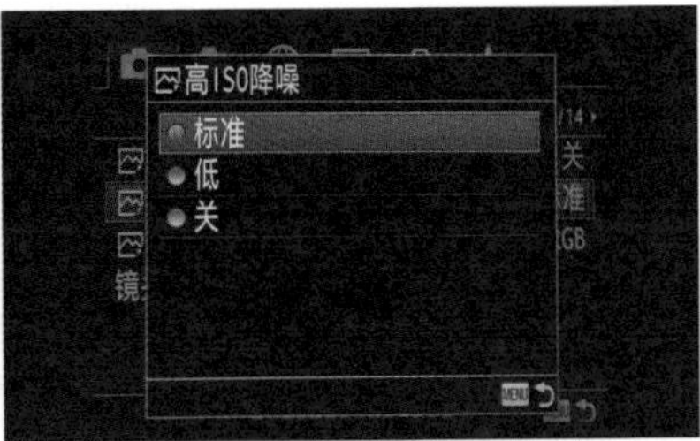

在索尼 α 系列相机内设定高 ISO 降噪

在光线严重不足的条件下拍摄时，使用 ISO6400 以上的超高感光度更容易得到充足曝光量。但需要注意的是，当使用 ISO6400 以上的高感光度时，即便进行了降噪，色彩噪点和亮度噪点可能也会明显增多。

光圈 f/1.4，
快门 10s，
焦距 14mm，
感光度 ISO6400
拍摄夜景星空时，如果要得到充足的曝光量，必须使用高感光度及较长的曝光时间才能实现。本画面设定 ISO6400 拍摄，高 ISO 降噪设定为“标准”，但画面噪点仍然比较严重

拍摄较暗的场景时，为避免使用高感光度产生大量的噪点，可设定低感光度，或者进行降噪。

那如果只进行长时间曝光会怎样呢？其实也会产生非常明显的噪点。因为通过长时间的感光会使干扰信号也获得长时间的响应，最终在成像画面中变得明显，画面中的噪点同样比较严重。

因此相机通常都配置了长时间曝光降噪功能。如果开启了长时间曝光降噪功能，那么相机将在完成曝光后自动进行处理，这一处理过程所花费的时间接近于曝光所用的时间。例如，使用了 30s 的长时间曝光，那么降噪过程也将持续 30s 左右。在降噪处理过程中，无法进行下一次的拍摄，必须耐心等待。在连拍释放模式下，相机的连拍速度会降低，在照片处理期间内存缓冲区的容量也将减少。

拍摄某些题材时，需要在弱光下进行长时间曝光，比如拍摄梦幻如纱的流水、灯光璀璨的城市夜景或繁星满天的晴朗夜空等，通常使用 B 门拍摄，曝光时间从数秒到数小时不等。由于数码相机感光元件的工作原理，在进行超过 1s 以上的长时间曝光时，不可避免地会产生噪点。这种噪点通常显现为颗粒状的亮度噪点，即使使用 ISO100 的低感光度也难以避免。这时就需要考虑是否开启长时间曝光降噪功能来抑制噪点了。开启该功能，可以提升照片品质，但相应的也会花费大量的时间用来降噪，在此期间无法使用相机，并且相机会持续耗电，有些得不偿失。因此我们的建议是如果曝光时间超过 30s，那就关闭长时间曝光降噪功能，拍摄 RAW 格式照片，然后在后期软件中进行降噪。

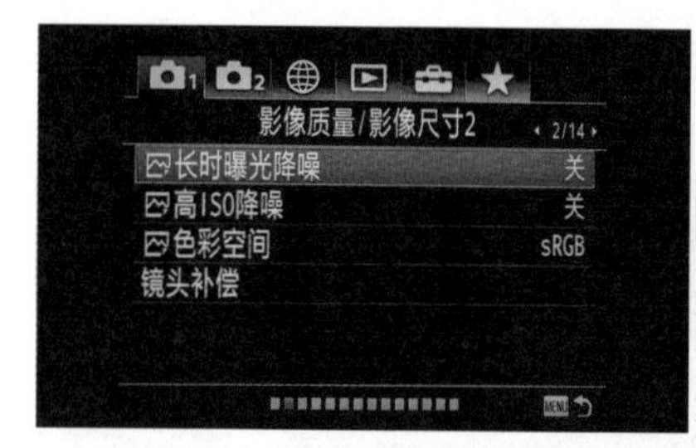

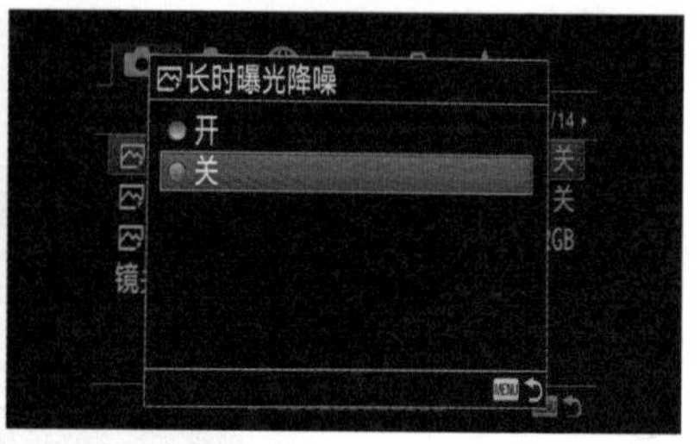

长时间曝光降噪功能的设定菜单，通常建议关闭该功能

光圈 f/1.4，
快门 10s，
焦距 24mm，
感光度 ISO2000
拍摄星空夜景时，建议关闭长时间曝光降噪功能，只开启高 ISO 降噪即可。对一般的城市夜景来说，摄影师可以根据实际情况来判断是否开启长时间曝光降噪功能

光圈 f/7.1，快门 305s，镜头焦距 12mm，感光度 ISO100

如果开启长时间曝光降噪功能，一是效果未必好；二是拍摄 305s，长时间降噪的时间也要约 305s，那么拍摄一张照片的时间约为 610s，得不偿失。所以这种情况下，建议关闭长时间曝光降噪功能，转而在后期软件中进行画质的优化

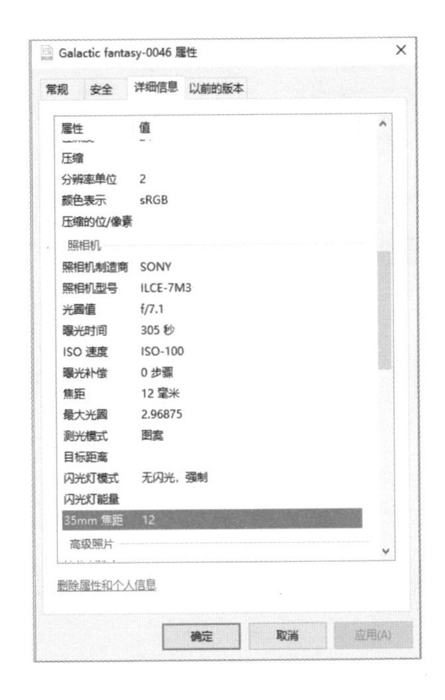

第6章

白平衡、色温与色彩空间

在相机内对色温、白平衡进行设定，可以改变所拍摄照片的颜色，这是简单且重要的控制色彩的技巧。除此之外，色彩空间的设定也会对照片的色彩产生较大影响。

本章以索尼 α7R Ⅳ为例进行讲解。

6.1 白平衡与色温

6.1.1 白平衡到底是什么

在介绍白平衡的概念之前，我们先来看一个实例：将一模一样的两个蓝色圆分别放入黄色和青色的背景当中，再来观察蓝色圆。你会感觉到在不同背景中蓝色圆色彩是有差别的，但实际上两个蓝色圆的色彩是一样的。

通常情况下，人们需要以白色为参照物才能准确辨别色彩。所谓白平衡就是指以白色为参照来准确分辨或还原各种色彩的过程。如果在白平衡调整过程中没有找准白色，那么还原的其他色彩也会出现偏差。

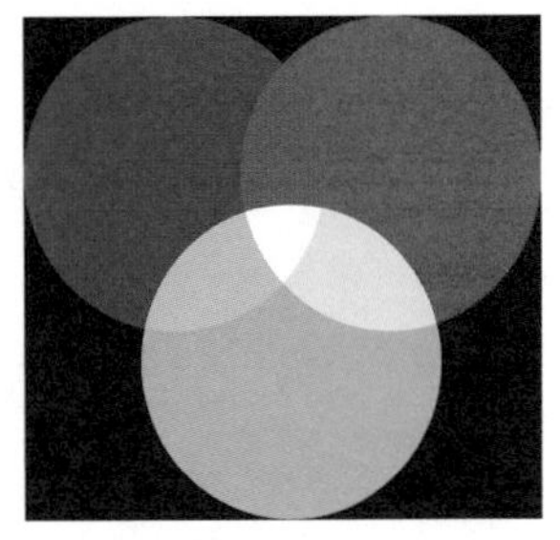

两个蓝色圆分别以黄色和青色的背景作为参照，感觉会发生偏差

要注意，在不同的环境中，作为色彩还原标准的白色也是不同的。例如，在夜晚室内的荧光灯下，真实的白色要偏蓝一些；而在日落时分的室外，白色是偏红黄一些的。如果在日落时分以标准白色或冷蓝的白色作为参照来还原色彩，那就会出现较大的偏差。

相机与人眼视物一样，在不同的光线环境中拍摄，也需要有白色作为参照才能在拍摄的照片中准确还原色彩。为了方便用户使用，相机厂商分别将标准的白色放在不同的光线环境中，并记录下这些不同环境中的白色，内置到相机中，作为不同的白平衡标准（模式）。这样用户在不同环境中拍摄时，只要根据当时的拍摄环境，设定对应的白平衡模式即可拍摄出色彩准确的照片。实际上，相机厂商只能在白平衡模式中集成几种比较典型的光线情况，无法记录所有场景。这些典型的场景包括晴天（即日光）、阴影、阴天、白炽灯（即钨丝灯）、荧光灯、闪光灯，你在相机内可以看到这些具体的白平衡模式。

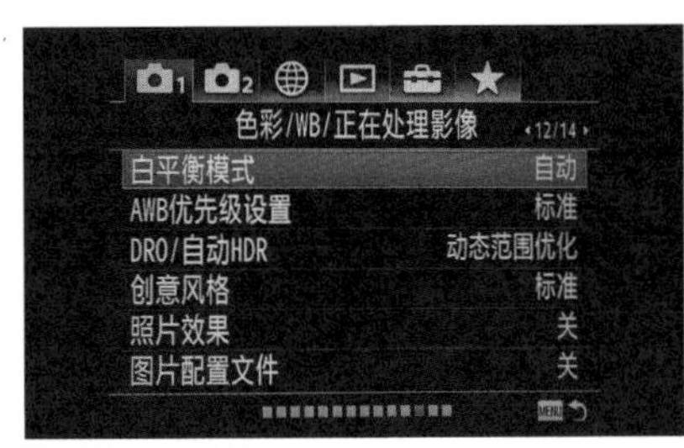

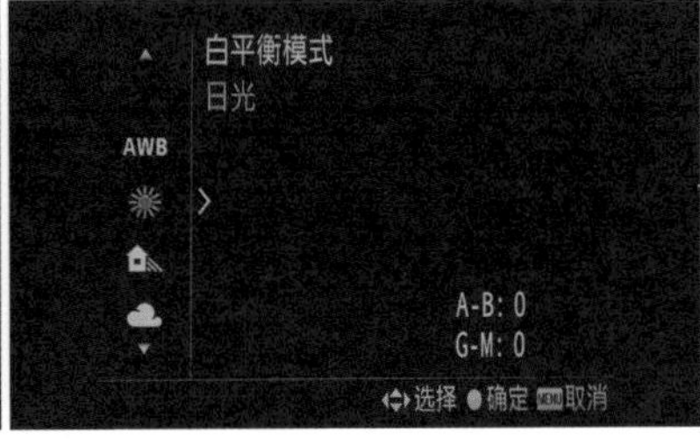

白平衡模式

6.1.2　色温的概念

在相机的白平衡菜单中，我们会看到每一种白平衡模式后面还会对应着一个色温值。色温是物理学上的名词，它用温标来描述光的颜色特征，也可以说

是色彩对应的温度。

把一块黑铁加热，令其温度逐渐升高，起初它会变红变橙，也就是我们常说的铁被烧红了，此时铁发出的光，其色温较低；随着温度逐渐提高，它发出的光线逐渐变成黄色、白色，此时的色温位于中间部分；继续加热，温度大幅度提高后铁发出了蓝色的光，此时的色温更高。

色彩随着色温变化的示意图：自左向右，色温逐渐变高，色彩也由红色变成白色，然后再变成蓝色

色温是专门用来量度和计算光线的颜色成分的方法，由 19 世纪末的英国物理学家开尔文创立。开尔文假定某一黑体物质，能够将落在其上的所有热量全部吸收而没有损失，同时又能够将热量全部以“光”的形式释放出来。将一标准黑体加热，温度升高到一定程度时颜色开始由“深红—浅红—橙—黄—白—蓝”逐渐改变。这种黑体物质的温度是从绝对零度（-273.15℃）开始计算的，即光源的辐射在可见区和绝对黑体的辐射完全相同时，黑体当时的绝对温度称为该光源的色温。色温的单位以开尔文的名字命名，即“开尔文”，简称“开”，符号为“K”。

低色温光源的特征是能量分布中，红辐射相对多些，通常称为“暖光”；色温提高后，能量分布中，蓝辐射的比例增加，通常称为“冷光”。

不同环境的照明光线可以用色温来衡量。举例来说，早晚两个时间段，太阳光线呈现出红、黄等暖色调，色温相对来说还是偏低的；而到了中午，太阳光线变白，甚至有微微泛蓝的现象，这表示色温升高。相机中也采用了类似于日光用色温值 5200K 来衡量这种设定。晴朗天气室外正午日光下的白平衡标准，也可以说是色温 5200K 下的白平衡标准；其他的白平衡模式与色温的对应关系也可以这样理解。

我们通过下面这幅例图来进行说明。午后太阳光线强烈，设定日光白平衡模式可以准确还原照片色彩。由于白平衡模式与色温是一一对应的关系，因此我们直接设定 5200K 左右的色温值，拍摄出来的照片色彩同样非常准确。

光圈 f/8，
快门 1/1000s，
焦距 24mm，
感光度 ISO500

刚过午后，现场的光线接近标准色温 5200K，因此可以不必设定日光白平衡模式，直接设定 5200K 的色温，拍摄出的照片色彩还原准确

下面这个表向我们展示了白平衡模式、色温值、适用条件的对应关系。

不同白平衡模式与环境光线色温的对应

白平衡模式	色温值	适用条件
日光	约 5200K	适用于晴天除早晨和日暮时分室外的光线
阴影	约 8000K	适用于黎明、黄昏等环境，或晴天室外阴影处
阴天	约 6000K	适用于阴天或多云的户外环境
白炽灯	约 2800K	适用于室内钨丝灯光线
荧光灯	约 3400K	适用于室内荧光灯光线
闪光灯	约 5200K	适用于相机闪光灯光线

上表中所示为比较典型的白平衡模式与色温值对应关系，只是针对索尼品牌相机的一个大致的标准，我们不能生搬硬套。在索尼 α 系列相机内，还有自动白平衡模式，色温由相机智能自动设定。

6.1.3 正确还原景物色彩的关键

如果在白炽灯下拍摄照片，设定白炽灯白平衡（或设定 2800K 左右的色温值）可以拍摄出色彩准确的照片；在正午室外的太阳照明环境中，设定晴天白平衡模式（或设定 5200K 左右的色温值），也可以准确还原照片色彩……这是之前讲过的内容，即只要根据所处的环境光线来选择对应的白平衡模式就可以了。但如果设定了错误的白平衡模式，会是一种什么样的结果呢？

我们通过具体的实拍效果来得出结论。下面这个真实的场景准确色温在 7000K 左右，我们尝试使用相机内不同的白平衡模式拍摄，来观察色彩的变化情况。

白炽灯白平衡模式拍摄：色温 2800K

荧光灯白平衡模式拍摄：色温 3400K

晴天白平衡模式拍摄：色温 5200K

闪光灯白平衡模式拍摄：色温 5200K

阴天白平衡模式拍摄：6000K

阴影白平衡模式拍摄：色温 8000K

从上述色彩随色温设置的变化中可以得出这样一个规律：相机设定与实际色温相符合时，能够准确还原色彩；相机设定的色温明显高于实际色温时，拍摄的照片偏红；相机设定的色温明显低于实际色温时，拍摄的照片偏蓝。

光圈 f/11，快门 1/160s，镜头焦距 105mm，感光度 ISO125

这是早晨5点左右日出时拍摄的一张照片，如果直接设定荧光灯白平衡模式，也就是3400K的色温来拍摄，那照片色彩肯定是不准确的。摄影师根据经验判断当时的色温值在4500～6000K，因此设定了5500K的色温值，最终非常准确地还原了当时的色彩

6.1.4　核心知识：精通白平衡模式的4个核心技巧

只有根据不同光线的色温进行调整，告诉相机当前所拍摄场景的白色标准是什么，这样照片才不会偏色。但我们不能每拍摄一张照片都去测量光的色温值，再调整白平衡进行拍摄。为了解决这个问题，相机设定了多种不同的白平衡模式。

1. 按照环境光线调用内置的白平衡模式

相机厂商测定了许多常见环境中的白色标准，如日光环境下、荧光灯环境下、白炽灯环境下、阴影中、阴天时等。然后将这些白色标准内置到相机内，对应不同的白平衡模式。摄影师在这些环境中拍摄时，直接调用相机内置的这些白平衡模式即可拍摄到色彩准确的照片。

光圈 f/8，快门 1/800s，焦距 41mm，感光度 ISO200

在午后的太阳光线下拍摄，设定日光白平衡模式，能够比较准确地还原色彩

2. 相机自动设定白平衡

尽管索尼 α 系列相机提供了多种白平衡设定供用户选择，但是确定当前使用的选项并进行快速操作，对于摄影初学者来说依然显得复杂和难于掌握。出于方便拍摄的考虑，厂家开发了自动白平衡功能，即相机在拍摄时经过测量、比对、计算，自动设定色温。在通常情况下，自动白平衡都可以比较准确地还原景物色彩，满足拍摄者对图片色彩的要求。自动白平衡适应的色温范围为 3500 ～ 8000K。

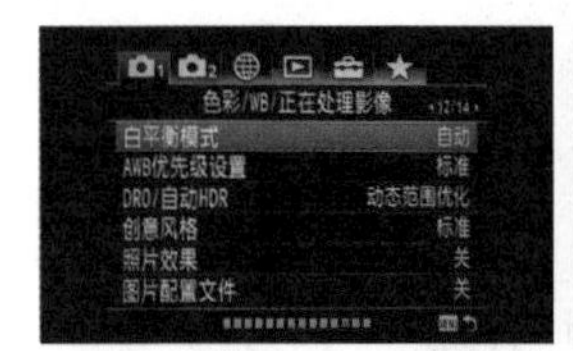

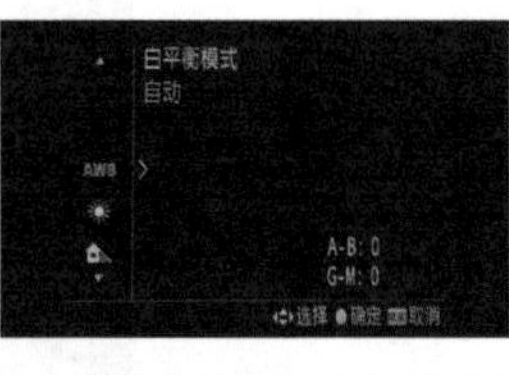

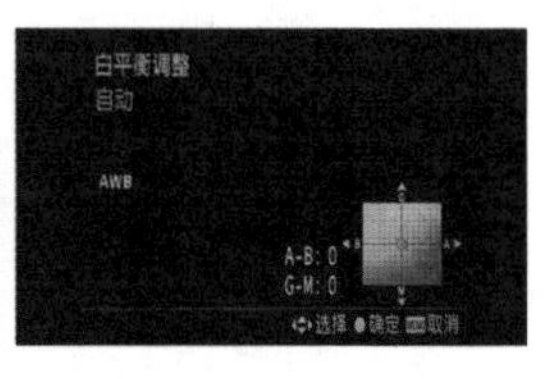

对于大多数场景，自动白平衡可以得到比较准确的色彩还原。自动白平衡的保持白色挡可以自动矫正可能出现的色彩偏差，这也是我们最常使用的白平衡设置

光圈 f/11，快门 2s，焦距 164mm，感光度 ISO100
自动白平衡适应范围广、准确性高。在幽暗的弱光环境中，利用自动白平衡模式能够比较准确地还原色彩

3. 拍摄者手动选择色温

色温调整范围为 2500 ～ 9900K，数字越高，画面色调越暖，反之画面色调越冷。K 值的调整应对应光线的色温值，光线色温是多少就调整 K 值到多少，这样才能得到色彩正常还原的图片。因为所有的色温模式值都能直接调整 K 值中得到，所以许多专业的摄影师选择此种模式调整色温。

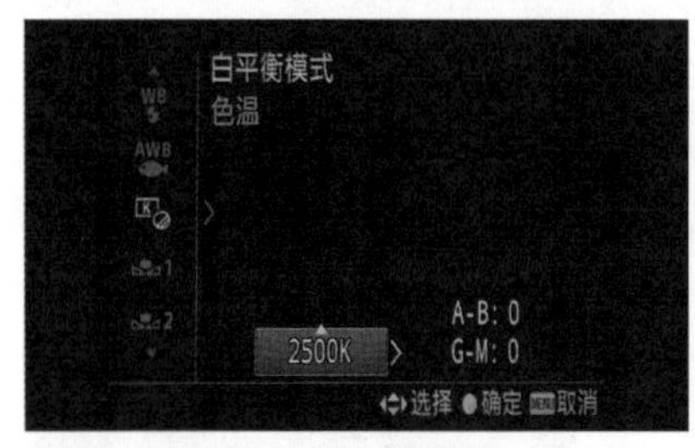

色温调节的最低值

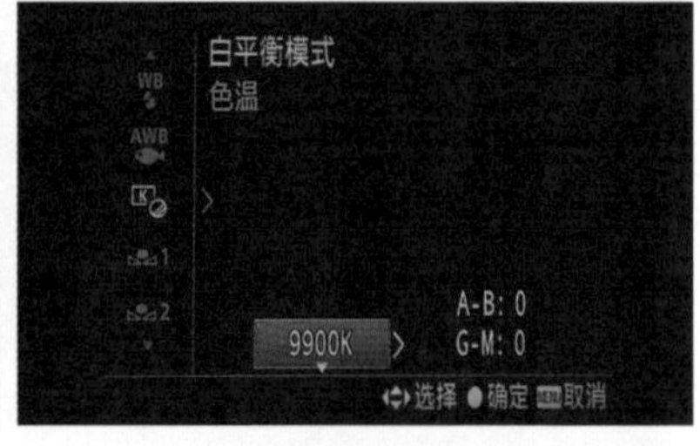

色温调节的最高值

光圈 f/7.1，
快门 1/1250s，
焦距 100mm，
感光度 ISO400

太阳将近落山，现场环境的色温值已经降到了 4000K 左右，最终拍摄时手动设定为 3700K，基本上准确地还原了色彩

调整 K 值设置色温的调整模式并不是所有机型都有，只有类似索尼 α 系列相机这类中高档数码机型才有，而在一些入门级相机中是没有这一功能的。

4. 拍摄者自定义白平衡

虽然通过后期可以对照片的白平衡进行调整，但是有时在没有参照物的情况下，仍然很难将色彩还原。在拍摄商品、书画、文物这类需要真实还原与记录的静物对象时，为保证准确的色彩还原，不掺杂过多人为因素与审美倾向，可以采用手动预设白平衡设定，以适应复杂光源，满足严格还原物体本身色彩的要求。

光圈 f/8，快门 2.5s，焦距 38mm，
感光度 ISO100
在光源特性不明确的陌生环境中，如果希望准确记录被摄对象的颜色，可以使用标准的白板（或灰板）对白平衡进行手动预设，确保拍摄的照片色彩准确

光圈 f/7.1，快门 0.6s，焦距 41mm，
感光度 ISO100
强烈色彩氛围的光源下，使用手动预设白平衡可以较好地对色彩做出补偿，尽可能还原被摄体自身的颜色

6.1.5 灵活使用白平衡设置表现摄影师创意

纪实摄影要求我们客观真实地记录世界，以再现事物的本来面貌。按照实际光线条件选择对应的白平衡，可以追求景物色彩的真实。而摄影创作（如风光）则是在客观世界的基础上，运用想象的翅膀，创造出超越现实的画面。这样的摄影创作或许超越了常人对景物的认知，但它能够给观众带来美的享受和愉悦。通过手动设定白平衡的手段，我们可以追求气氛更强烈甚至是异样的画面色彩，强化摄影创作中的创意表达。

人为设定"错误"的白平衡设置，往往会使照片产生整体色彩的偏移，也就可以制造出不同于现实的别样感受。例如，偏黄可以营造温暖的氛围、怀旧的感觉，偏蓝则显得画面冷峻、清凉甚至阴郁。

夜晚的城市中光线非常复杂，在如此复杂的光线下应该尽量让照片色彩往某一个方向偏移。面对这种情况时，建议设定较低的色温，让照片偏向蓝色，画面会非常漂亮

光圈 f/11，快门 30s，焦距 12mm，感光度 ISO100

光圈 f/5，快门 1/320s，焦距 16mm，感光度 ISO100，曝光补偿 -2EV

日落时分，阳光穿过云层，光影效果非常出色，但使用自动白平衡只能得到灰蒙蒙的光影效果，落日的金黄色彩黯淡了很多。这时使用阴影白平衡可以令金黄色彩得到加强，而且影调层次也丰富了很多

6.2 色彩空间

6.2.1 sRGB与Adobe RGB色彩空间

色彩空间也会对照片的色彩有一定影响，但在人眼可见的范围之内，我们几乎看不出差别。人眼对于色彩的视觉体验与计算机、相机对于色彩的反应是不同的。通常来说，计算机与相机对于色彩的反应要弱于人眼。因为计算机与相机要对色彩抽样并进行离散处理，所以在处理过程中会损失一定的色彩，并且色彩扩展的程度也不够，有些颜色无法在机器上呈现出来。计算机与相机处理色彩的模式主要有两种，称为色彩空间，分别为sRGB色彩空间与Adobe RGB色彩空间。

sRGB是由微软公司联合惠普、三菱、爱普生等公司共同制定的色彩空间，主要为使计算机在处理数码图片时有统一的标准。当前绝大多数的数码图像采集设备厂商都已经全线支持sRGB标准，在数码相机、摄像机、扫描仪等设备中都可以设定sRGB选项。但是sRGB色彩空间也有明显的弱点，主要是这种色彩空间的包容度和扩展性不足，许多色彩无法在这种色彩空间中显示，这样在拍摄照片时就会造成无法还原真实色彩的情况。也就是说，sRGB色彩空间的兼容性更好，但色彩表现力可能会差一些。

Adobe RGB是由Adobe公司在1998年推出的色彩空间。与sRGB色彩空间相比，Adobe RGB色彩空间具有更为宽广的色域和良好的色彩层次表现。在摄影作品的色彩还原方面，Adobe RGB更为出色；另外在印刷输出方面，Adobe RGB色彩空间更是远优于sRGB色彩空间。

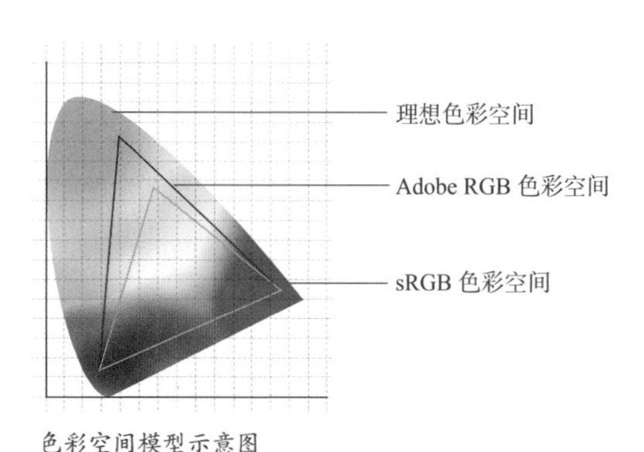

色彩空间模型示意图

从应用的角度来说，摄影师可以在相机内设定 Adobe RGB 或 sRGB 色彩空间。如果为了所拍摄照片的兼容性考虑（要在手机、计算机、高清电视等电子器材上显示统一色调风格），且将会大量使用直接输出的 JPEG 照片，建议设定为 sRGB 色彩空间。如果拍摄的 JPEG 照片有印刷的需求，可以设定色域更为宽广一些的 Adobe RGB 色彩空间。

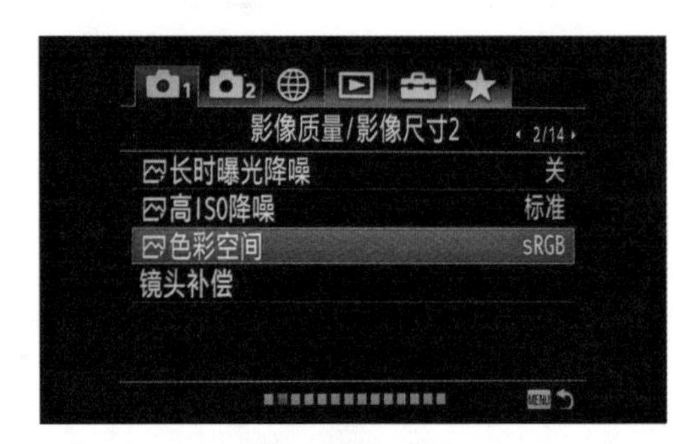

调整色彩空间菜单

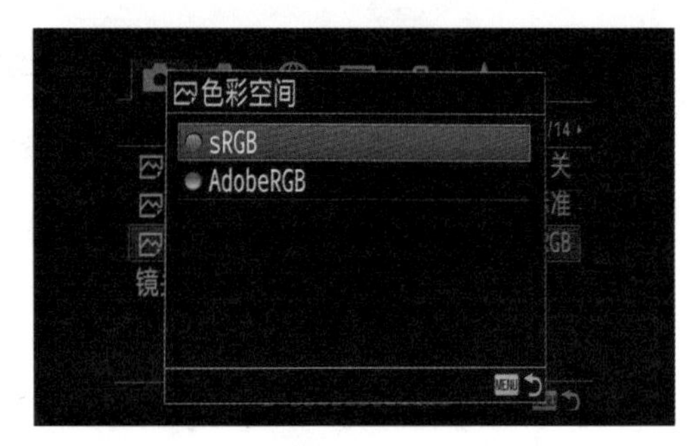

选择色彩空间

如果摄影师具备较强的数码后期能力，能够对拍摄的 RAW 格式进行后期处理后再输出，那么在拍摄时就不必考虑色彩空间的问题了，因为 RAW 格式文件会包含更宽的色域，远比机内设定的两种色彩空间的色域要宽。照片处理过之后再设定具体的色彩空间输出就可以了。

6.2.2 了解 ProPhoto RGB 色彩空间

之前很长一段时间内，如果对照片有冲洗和印刷等需求，会建议摄影师将后期软件的色彩空间设定为 Adobe RGB 再对照片进行处理，因其色域比较大；如果仅是在个人计算机及网络上使用照片，设定为 sRGB 就足够了。当前，在 Lightroom 与 Photoshop 之间传输和处理文件时，上述方法已经不再适用了。随着技术的发展，当前较新型的数码相机及计算机等设备都支持一种之前没有介绍过的色彩空间——ProPhoto RGB。ProPhoto RGB 是一种色域非常宽的工作空间，其色域比 Adobe RGB 大得多。

数码相机拍摄的 RAW 文件并不是一种照片格式，而是一种原始数据，包含非常庞大的颜色信息，如果将后期软件工作时的色彩空间设定为 Adobe RGB，是无法容纳 RAW 格式文件庞大的颜色信息的，会损失一定量的颜色信息，而使用 ProPhoto RGB 则不会，为什么呢？下图展示了多种色彩空间的示意图。将背景的马蹄形色彩空间视为理想化色彩空间，该色彩空间之外的白色为不可见区域；Adobe RGB 色彩空间的色域虽然大于 sRGB 的，但依然远小于马蹄形色彩空间的；与理想化色彩空间最为接近的便是 ProPhoto RGB 了，足够容纳 RAW 格式文件所包含的颜色信息。将后期软件设定为这种色彩空间，再导入 RAW 格式文件，就不会损失颜色信息了。

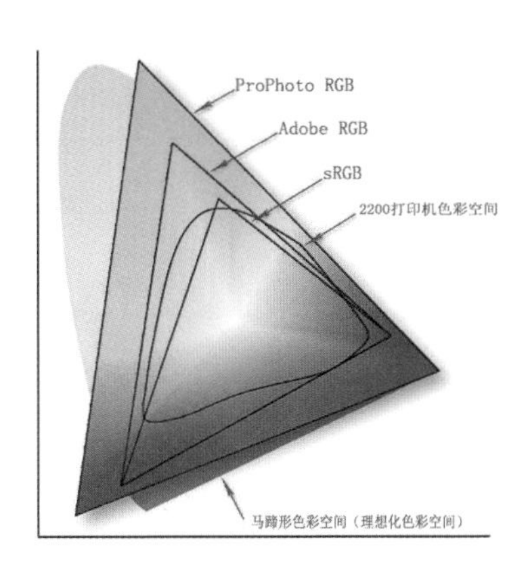

色彩空间模型示意图

用一句话来说，Adobe RGB 色彩空间还是太小，不足以容纳 RAW 格式文件所包含的颜色信息，ProPhoto RGB 色彩空间才可以。

ProPhoto RGB 色彩空间主要是在数码后期软件 Photoshop 中使用，设定这种色彩空间，可以确保给 Photoshop 搭建一个近乎完美的色彩空间处理平台，这样后续在 Photoshop 打开其他色彩空间的文件时，就不会出现色彩细节损失的情况了（如果 Photoshop 设定了 sRGB 色彩空间，那么打开 Adobe RGB 色彩空间的照片处理时，就会损失照片的色彩细节）。

RAW 格式文件之所以能够包含极为庞大的原始数据，与其采用了更大位深度的数据存储是密切相关的。8 位的数据存储方式，每个颜色通道只有 2^8=256 种色阶，而 16 位文件的每个颜色通道有 65536 种色阶，这样能容纳更为庞大的颜色信息。所以，我们在将 Photoshop 的色彩空间设定为 ProPhoto RGB 后，只有同时将位深度设定为 16 位，才能让两种设定互相搭配、相得益彰，而设定为 8 位是没有意义的。

第7章

第三只眼——镜头的选择与使用技巧

索尼公司为 α 系列相机提供了多款配套镜头，做工精细、画质优异，摄影师可以根据自己的拍摄习惯和应用范围进行选择。通过镜头卡口适配器（转换接圈），摄影师几乎可以将任意镜头转接在 α 系列相机上使用，突破相机卡口的限制，极大扩展选择空间。

本章以索尼 α7R Ⅳ为例进行讲解。

7.1 关于镜头的基本知识

7.1.1 焦距

焦距是指光线穿过镜片后，所汇集的焦点与镜片光心（镜片的光学中心）间的距离。焦距是镜头最重要的参数之一，不仅决定着拍摄的视场角大小，还影响着景深、画面的透视及物体成像的尺寸。定焦镜头的焦距采用单一数值表示，变焦镜头分别标记焦距范围两端的数值。焦距的单位为毫米（mm）。根据用途的不同，镜头的焦距涵盖的范围极广，短到几毫米的鱼眼镜头，长至数千毫米的超长焦望远镜头。不同焦距的镜头有不同的用途。

7.1.2 最大光圈

最大光圈表示镜头透过光线的最大能力，也是镜头重要的性能指标。定焦镜头采用单一数值表示。变焦镜头中，恒定光圈镜头（焦距变化而最大光圈保持不变）采用单一数值表示；浮动光圈镜头（光圈值随焦距变化而变化），广角端与远摄端的最大光圈以焦距范围两端的数值标记。光圈没有单位，一般写作“1：光圈值”或“f/ 光圈值”。定焦镜头根据焦距不同，最大光圈一般在 f/1.4 ～ f/2.8，最大的有 f/0.8 的镜头，价格极其昂贵；变焦镜头中，恒定光圈 f/2.8 的属于专业级别的高档镜头，而浮动光圈 f/3.5（或更小）～ f/5.6（或更小）类型的多为普及型镜头。

7.1.3 镜头的像差

在光学系统中，由透镜材料的特性、折射或反射表面的几何形状引起实际成像与理想成像的偏差称为像差。像差是不可能完全消除的，不过镜头厂家可以通过光学系统的优化设计、制造工艺的改进，以及新材料、新技术的运用，尽量降低像差。

镜头的常见像差有下面几种。

（1）球面像差：通常表现在广角与超广角镜头中，可以采用非球面镜片来消除。高档镜头使用光学玻璃切削方法制造的非球面镜片，成本较高；普及型镜头多采用模铸制造的树脂非球面镜片。

（2）彗形像差：通过收缩光圈可以部分弥补。

（3）像散：多在长焦镜头中出现，可以通过使用萤石、ED 等低色散镜片或 APO（复消色差）设计进行改善。

（4）像场弯曲：微距镜头由于其特殊的用途，对于像场弯曲普遍能做到很好的抑制，其他类型的镜头可以通过收缩光圈来弥补。

（5）畸变：通常在变焦镜头的焦段两端（特别是广角端）表现得比较明显，设计优秀的镜头在畸变抑制上会做得较好。在拍摄产品或建筑时，畸变的影响不可忽视，由于镜头的畸变在边角表现得更明显，因此拍摄时可以让主体尽量占据画面中心部分，后期通过剪裁（牺牲部分像素）的方法得到校正。有些畸变通过后期的数码图像处理软件也可以得到一定程度的校正。

评价镜头光学素质的指标包括解像力（细节刻画能力）、色彩还原（再现真实色彩）、反差（层次丰富）、眩光控制（对光线反射的抑制）等。此外，镜头的成像均匀度也需要注意，一般来说，中心解像度高，边角解像度低；中心亮度高，边角亮度低；边角成像与中心成像的差距越小，镜头的素质越高。当使用镜头的最大光圈时，成像的不均匀特性表现得最为明显。

 7.2 镜头焦距与视角

镜头的视角是镜头中心点到成像平面两端所形成的夹角。对于相同的成像面积，镜头焦距越短，其视角就越大。在拍摄时，镜头的视角决定了可以拍摄到的范围。焦距变短，视角变大，可以拍摄更大的范围，此时远处的拍摄对象成像较小；焦距变长，视角变小，能够拍摄到的范围就会变小，但可以使较远的物体成像变大。此外，不同焦距、不同视角、位于不同距离的拍摄对象之间的透视关系也有着不同的表现，因此熟悉不同焦距镜头的视角表现是摄影师必须修炼的基本功。

7.2.1 视野广阔的广角镜头

广角镜头的焦距短于标准镜头，视角大于标准镜头，画面的透视感较强。常用的广角镜头焦距一般为 14mm ～ 35mm。由于广角镜头视角大、视野广阔，可以在画面中纳入更多元素，因此在风光摄影中的应用最为广泛。当画面中存在前景时，强烈的透视感可以起到夸张和突出的作用，给人以新奇的视觉感受。由于广角镜头景深较深，因此在记录全景时有独特的优势。

常用焦距：14mm、16mm、20mm、21mm、24mm、28mm、35mm。

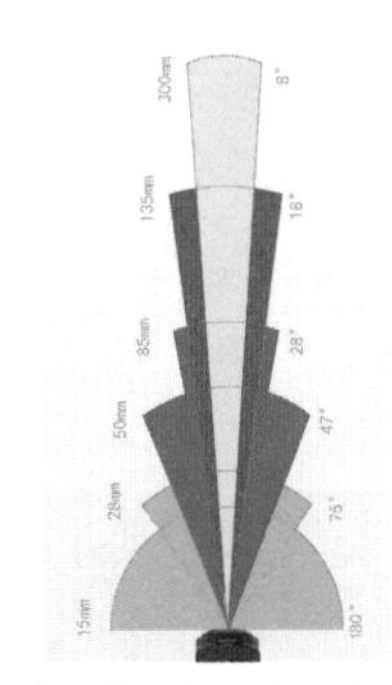

镜头焦距与视角示意图

Vario-Tessar T* FE 16-35mm F4 ZA OSS 镜头

光圈 f/8，快门 1/100s，焦距 14mm，感光度 ISO200
广角镜头拍摄的画面

7.2.2 视角平和的标准镜头

标准镜头简称标头，是指焦距长度和所摄照片画幅的对角线长度大致相等的摄影镜头。对于全画幅相机，标头的焦距通常为 40mm ～ 55mm，其视角一般为 45° ～ 50° 。用标准镜头拍摄的影像接近于人眼正常的视角范围，景物的透视也与人眼的视觉比较接近。因此，使用标准镜头拍摄的照片最接近用人眼直接观察所得，传递出的信息更加真实、平和、自然。

常用焦距：43mm、50mm、55mm、60mm。

Sonnar T* FE 55mm F1.8 ZA 镜头

光圈 f/9，快门 25s，焦距 32mm，感光度 ISO100

标准镜头拍摄的画面

7.2.3 浓缩精华的长焦镜头

一般把大于等于 85mm 焦距的镜头称为长焦镜头，其特点是视角小、景深浅，具有压缩透视效果，适合景物与人物的特写拍摄。

在拍摄时，摄影师可以利用长焦镜头的压缩透视效果将画面中的元素进行浓缩与提炼，通过改变前景与背景的透视关系来突出主体。

在使用长焦镜头时要特别注意对焦准确、持机稳定，并保证快门速度的数值不高于焦距的倒数，这样才能拍摄出清晰的照片。在使用 300mm 以上焦距的大光圈镜头时，由于镜头自重较大，手持拍摄比较困难，因此需要独脚架或三脚架的辅助。

常用焦距：85mm、105mm、135mm、180mm、200mm、300mm。

FE 70-200mm F4 G OSS 镜头后面的样子

FE 70-200mm F4 G OSS 镜头

索尼微单安装完 FE 70-200mm F4 G OSS 的整体样子

光圈 f/11，快门 2s，焦距 105mm，感光度 ISO100
长焦镜头拍摄的画面

7.2.4　超长焦远摄镜头

焦距达到 400mm 或超过 400mm 的超长焦远摄镜头是摄影师拍摄体育运动、野生动物和鸟类的利器。特别是恒定光圈的大口径定焦镜头，不仅可以清晰捕捉到远处的拍摄对象并获得较大尺寸的成像，同时画质也非常优秀。但由于超长焦远摄镜头体积较大、重量较重且价格昂贵，一般只有拍摄特定题材的专业摄影师才会考虑购置超长焦远摄镜头。

FE 100-400mm F4.5-5.6 GM OSS 镜头

光圈 f/6.3，
快门 1/25s，
焦距 600mm，
感光度 ISO1000
超长焦远摄镜头拍摄的画面

7.3 索尼镜头技术特点

7.3.1 索尼的 A 卡口与 E 卡口

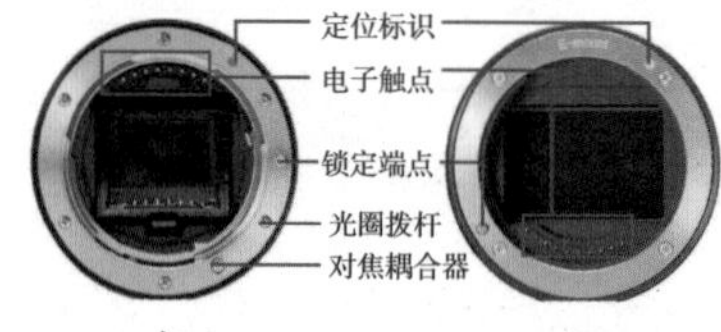

A 卡口与 E 卡口

索尼公司生产的可换镜头数码相机共有两类：一类是采用半透明反光镜的 A 卡口相机，另一类是不使用反光镜的 E 卡口相机。索尼 α 系列相机为 E 卡口相机类型。

除外形尺寸外，A 卡口和 E 卡口镜头的主要区别是“法兰距”。法兰距是指镜头后部到影像（传感器）平面的距离。许多 A 卡口相机均是传统单反相机的设计，即在镜头后部与传感器之间有一个反光镜，因此这种相机需要有足够的法兰距来为反光镜提供空间。但 E 卡口相机无反光镜，所需要的法兰距要短得多，所以镜头的外形尺寸也更小。

7.3.2 传感器规格

35mm 胶片的画幅尺寸约为 36mm×24mm，全画幅数码相机的图像传感器的尺寸与之接近。APS-C 画幅的感光元件尺寸约为 24mm×16mm。适配这两种画幅规格的可更换镜头意味着其像场可以覆盖相应的影像传感器。DT 系列型号的索尼镜头仅与 APS-C 规格的数码单反 / 单电相机兼容，其他型号的镜头可兼容全画幅和 APS-C 画幅规格。

不同画幅与相应镜头成像圈示意图

7.3.3 高品质光学镜片

摄影镜头由多片 / 组光学镜片组合而成，镜片是其中最重要的组件，其透光率、曲率及光路设计等都会直接影响摄影作品的品质。索尼公司在镜头的研发、设计制作方面精益求精，与蔡司公司的合作令镜头的品质进一步提高。

1. 非球面镜片——改善球面像差与影像扭曲

镜头通常由多枚球面镜片组合而成，但球面镜片无法将并行的光线以完整的形状聚集在一个点上，在影像表现力方面具有一定的局限性。索尼公司对非球面镜片技术进行了深入研发，修正大光圈镜头的球差，即使大光圈下也能消除色散，解决了大光圈镜头的球面像差补偿、超广角镜头的影像畸变问题，并有效减小了变焦镜头的体积。

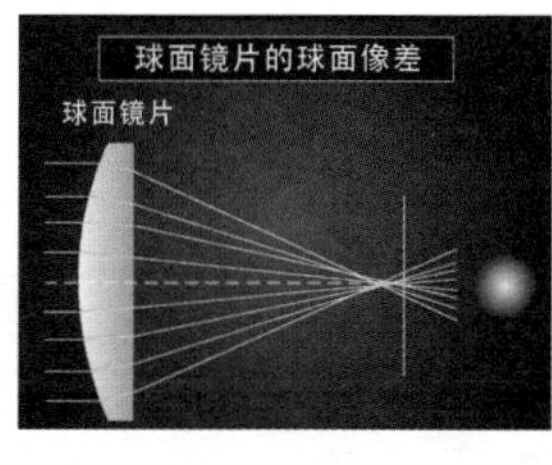

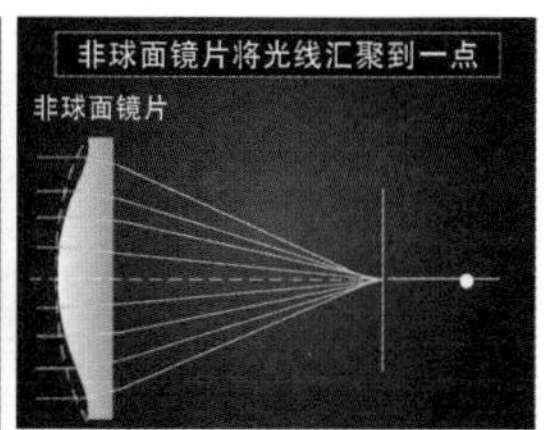

左图为球面镜片焦点所形成的弥散圈，右图为非球面镜片的清晰焦点示意图

2. ED 低色散 / 超低色散玻璃镜片——减少色差

使用 ED 低色散 / 超低色散玻璃镜片的镜头可以有效解决长焦镜头容易出现色差的问题，提高照片的清晰度和锐利度，使其在全开光圈时也能保持较高的解像力。ED 低色散 / 超低色散玻璃镜片多用于长焦及大光圈镜头（为了纠正色差，部分广角标准镜头也采用此种镜片）。

3. 纳米抗反射涂层——降低眩光影响

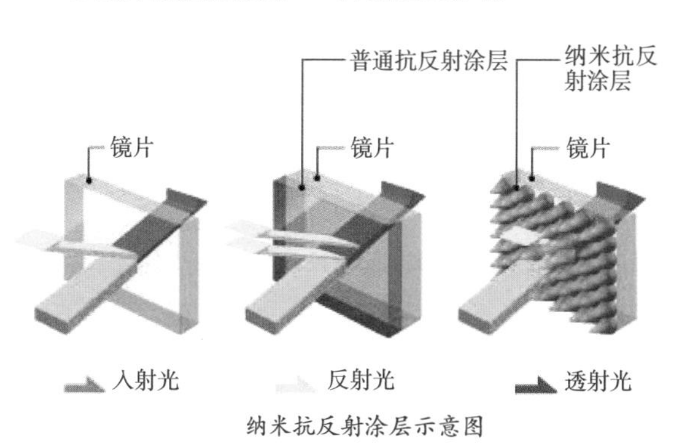

纳米抗反射涂层示意图

索尼公司的纳米抗反射涂层具有纳米级精细结构，通过涂层中均匀分布的微小突起，大幅度减少了入射光进入镜片边界时所产生的反射光，有效降低了眩光对画质造成的影响。

7.4 根据拍摄题材选择镜头

再好的镜头也是为拍摄服务的，好相机和好镜头只是拍摄出成功摄影作品的硬件基础，运用得当才能充分发挥其作用。在不同题材的拍摄中，摄影师对镜头的要求也各不相同，需要根据拍摄目的从焦距、光圈到镜头的附加性能进行综合考量。

当然，大多数摄影师拍摄题材很广，选购镜头时可以根据自己拍摄的用途来决定。如果以拍摄人像摄影为主，那么 85mm 和 135mm 的焦段都应重点考虑，另外搭配一只包含广角焦段的变焦镜头（如 16mm ～ 35mm 或 24mm ～ 70mm）抓拍动态；如果醉心于生态摄影，那么 105mm 微距镜头是首选（可以兼顾拍摄人像和静物）；如果喜欢拍摄风光大片，则高品质的超广角变焦镜头必不可少。摄影师只有对镜头的性能了然于胸并正确选择镜头，才能把器材的优势发挥到极致。

光圈 f/8，快门 1.6s，焦距 85mm，感光度 ISO100
恒定大光圈变焦镜头的素质极高，堪与定焦镜头相媲美，用于风光摄影可以把高画质的优势发挥得淋漓尽致

7.5 镜头的合理搭配

索尼公司生产的每一支蔡司镜头都是精品，对于预算充足的摄影师，选择 3 支恒定光圈的变焦镜头既简单又实用。缺点就是这 3 支镜头的体积大、重量

重，在需要长途跋涉的拍摄活动中，很可能会成为负担。如果选择其中一个焦段用定焦镜头来取代，不但可以保证高素质的成像，而且可以减轻摄影包的负荷。具体如何选择，因人、因题材、因习惯而异，并无一定之规。

光圈 f/8，快门 1/100s，焦距 240mm，感光度 ISO100
旅行途中，携带一支轻便的大变焦镜头（如 24mm ~ 240mm）会为摄影师带来极大的便利，这种镜头可以适应各种焦段环境

7.6 卡口适配器（镜头转接环）

索尼 α7（R/S）系列相机配备 LA-EAx 卡口适配器，可以使用 A 卡口全画幅镜头及 A 卡口 APS-C 画幅镜头（此时将以 APS-C 格式拍摄影像，镜头的实际视角相当于约 1.5 倍标定焦距时的视角）。

LA-EAx 卡口适配器

LA-EAx 卡口适配器一般包括 LA-EA1、LA-EA2、LA-EA3 或 LA-EA4。其中 LA-EA1、LA-EA2 支持 APS-C 画幅，LA-EA3、LA-EA4 支持全画幅。卡口适配器的种类不同，可使用的功能也不同。

第8章

摄影好帮手：附件相关知识

三脚架、滤镜和常用附件是摄影师需要配备的附属器材。摄影师了解这些辅助器材有助于针对个人需求做出最适合自己的选择。由于数码相机是高精密的电子产品，内部有大量高度集成的电子元件，同时还有很多光学器件，因此正确地使用、定期维护保养及良好的收藏环境，有助于保证相机正常的工作状态，并延长其使用寿命。

本章以索尼 α7R Ⅳ为例进行讲解。

8.1 三脚架

拍摄一张清晰的照片涉及的因素很多，其中一个重要的因素就是拍摄时保证相机不抖动。

三脚架可以有效地防止拍摄时相机与镜头发生抖动。特别是在光线较暗时，相机曝光时间往往较长，手持相机无法拍出清晰的照片。最典型的应用场合就是拍摄夜景——如果没有三脚架，则几乎无法完成拍摄。

在进行微距摄影、精确构图的拍摄时，也需要三脚架的支撑，否则相机的轻微位移就可能造成拍摄失误，无法得到理想的照片。

此外，在拍摄全景照片时，为了保证后期合成的无缝衔接，拍摄照片素材时应尽可能保持相机水平，有了三脚架的辅助摄影师就可以轻松、准确地完成。

独脚架可以看作三脚架的一种特例，大多用于体育摄影。由于只有一根支撑脚，独脚架的稳定性不如三脚架，但是独脚架在狭窄的位置也可以使用，十分灵活，同时便于移动与携带，是配合 300mm 以上的超长焦远摄镜头进行抓拍的利器。

8.1.1 三脚架的结构

标准的三脚架由脚管、中轴和云台 3 部分组成。有些经济型的入门级三脚架会将中轴与云台做成一体式结构，其优点是轻便、价廉，但稳定性和耐久性均不佳。

标准三脚架

1. 脚管

三脚架的每一条腿都是由数节粗细不等的脚管套叠而成的，大多为 3 ～ 4 节。节数越少，整体稳固性越高，缺点是收合之后仍然较长，便携性较差。

常见的脚管锁定方式分为套管和扳扣两种，摄影师可以根据自己的操作习惯来选择。套管式稳定性好，扳扣式操作快捷。

2. 中轴

中轴负责衔接三脚架的主体和云台，并可以快速调节高度。有些三脚架的中轴可以倒置安装，即能将相机的机位降至接近地面，在拍摄特殊题材时非常方便。需要注意的是，虽然可以通过升降中轴来调节相机的高度，但是在中轴高度升至最高时，三脚架整体的稳固程度会降低，选择三脚架规格时要将此因素考虑在内。

3. 云台

将相机安装在云台上，可以快速调节拍摄角度和方向。根据结构不同，云台可以分为三向云台与球形云台两类。三向云台调整精度高，球形云台操作灵活，不同的结构特点有各自的适用范围。例如，风光摄影和商业摄影注重构图的严谨与精确，多选择三向云台；人像摄影与体育摄影重视瞬间的抓取和应用的灵活，因此多选择球形云台。

为了便于快速安装和取下相机，大多数摄影师会选择快装设计的云台。这种云台虽然稳定性稍逊色，但是操作效率高，也便于随时更换相机。

8.1.2 三脚架的选择要点

市面上的三脚架种类繁多，价格从几十元到几千元甚至上万元不等，摄影师可以根据自己的经济实力、操作习惯和拍摄题材的特点进行选择。选购三脚架时，要重点关注其稳定性、便携性和性价比。

常见的三脚架脚管材质主要有铝合金和碳纤维两种。优质的铝合金三脚架脚管强度高，结实耐用，易于维护，价格也相对实惠；缺点是自重较大，机动性差，不便于长途步行携带。碳纤维材质的三脚架轻便结实，承重性能佳；缺点是价格昂贵（与相同承重的铝合金三脚架相比），且抗剪切力差（如果脚管横向受力可能会造成折断或损坏），携带和托运时要格外留意，勿受重压。

脚管和中轴的固定方式对三脚架的稳定性也有影响，挑选的时候可以将中轴升至最高，用手摇晃感受一下，以考查其稳固程度。

在确定了材质、结构之后，还要仔细观察制造的细节，确保万无一失。在漫漫的摄影长路上，三脚架将是长期伴随摄影师的忠实伙伴，不要让劣质三脚架破坏了拍摄。在能力允许的范围内，摄影师应尽可能选择优质的名牌（如捷信、曼富图、徕图、富图宝、百诺等）三脚架。

三脚架的各部分结构

光圈 f/11，
快门 1/400s，
焦距 90mm，
感光度 ISO400
使用微距镜头拍摄花朵的细节。由于放大倍率较高，使用三脚架可以确保图像清晰，细节分明

8.2 滤镜之选

滤镜是镜头的重要附件，除了起保护作用，还能滤除特定波长的光线或阻挡部分光线，改变曝光量，得到特殊的画面效果。滤镜的光学品质对相机的成像有着不可忽视的影响。滤镜大多由玻璃材料制成，高级别的滤镜不仅使用光学玻璃制造，还施以特殊的镀膜处理，以尽量减少对光学成像品质的负面影响。

8.2.1 保护镜

高品质的相机镜头价格昂贵，且镜片表面覆有多层镀膜，娇嫩易损，因此有必要配置专门的保护镜以起到缓冲和保护作用，避免尘土或水汽进入镜头造成污损，在镜头遇到意外磕碰时更能起到物理防护的作用。

UV 镜是最常用的保护镜之一，在保护镜头的同时还起到滤除光线中紫外线的作用。为了尽量不影响镜头的成像品质，应选择优质的多层镀膜 UV 镜，如德国的 B+W、施耐德，日本的肯高（KENKO）、保谷（HOYA）等品牌的产品。

不同品牌的 UV 镜

光圈 f/16，
快门 1/125s，
焦距 14mm，
感光度 ISO100
晴天的日光中含有大量紫外线，使用UV镜不仅可以保护镜头，还可以滤除光线中的紫外线，使照片的色彩还原更准确

8.2.2 偏振镜

利用偏振镜可以有选择地让沿着某个方向振动的光线通过，常用来消除或减弱水面及非金属表面的强反光，消除或减轻光斑。偏振镜还可以压暗蓝天的亮度和色调，起到提高色彩饱和度的作用。偏振镜的结构：薄薄的偏振材料夹在两片圆形玻璃片之间，前部可以旋转以改变偏振的角度，控制通过镜头的偏振光的数量。旋转偏振镜时，从取景器或实时取景的显示屏可以观察到反光和色彩强度的变化，效果达到最佳时停止旋转即可进行拍摄。

不同品牌的偏振镜

由于偏振镜外层需要做成可旋转的结构，因此有些偏振镜做得比较厚，当配合超广角镜头时会造成暗角，所以如果需要放在超广角镜头上使用，摄影师需要购买超薄型的偏振镜。

光圈 f/10，
快门 4s，
焦距 29mm，
感光度 ISO500
偏振镜可以消除水面反光，使倒影更加清晰

8.2.3 渐变镜

圆形中灰渐变镜

方形中灰渐变镜

拍摄风光时（特别是日出、日落），经常会遇到天空和地面光比过大的情形。由于最暗与最亮处对比极大，很可能超出数码相机的宽容度范围，拍摄时很难做到整个画面所有位置都能得到适度的曝光，导致最终拍摄的照片上损失层次和细节。

在这种情况下，可以使用“胶片时代”风光摄影师必备的渐变镜来应对。渐变镜有很多颜色可以选择，通常选择使用中灰渐变镜，利用它来压暗较亮的天空部分。渐变镜亮暗部分的过渡是逐渐变化的，因此不会在照片上留下明显的遮挡痕迹。

中灰渐变镜分为圆形和方形两种，圆形的可以直接装在镜头上，而方形的则需要通过一个特别设计的框架结构安装到镜头上。圆形中灰渐变镜的亮暗分界线在中央，构图受一定限制；方形中灰渐变镜可以随意调整位置，使用灵活度更高。

光圈 f/8，
快门 1.3s，
焦距 28mm，
感光度 ISO100
使用中灰渐变镜压暗天空部分，让画面整体亮度更加均一

8.2.4 中灰镜

中灰镜又称中灰密度镜，简称 ND 镜，由灰色透明的光学玻璃制成。中灰镜对光线起到部分阻挡的作用，通过降低通过镜头的光量来影响曝光。中灰镜对各种不同波长的光线的减少能力是同等的、均匀的，对原物体的颜色不会产生任何影响，可以真实再现景物的反差，无论彩色摄影和黑白摄影都适用。

根据阻挡光线能力的不同，中灰镜有多种密度可供选择，如 ND2、ND4、ND8，对曝光组合的影响分别为延长 1 挡、2 挡、3 挡快门速度。多片中灰镜可以组合使用，不过需要注意的是，由于位于光路上，中灰镜对成像品质有一定影响，多片组合的影响更为显著，如非必要，不建议这样使用。

有了中灰镜的辅助，在光线较强的时候也可以使用大光圈或低速快门进行拍摄，可以做到更精准的景深控制。

光圈 f/11，
快门 10s，
焦距 16mm，
感光度 ISO100
通过中灰镜将曝光延长到 10s，流动的云雾形态如丝绸般展开

8.3 常用附件

8.3.1 竖拍手柄 / 电池盒

对于大多数摄影师而言，竖拍手柄 / 电池盒并非必备的配件。但是如果以拍摄人像题材为主，或需要长时间续航的机动拍摄，那么摄影师购置与索尼 α7 系列相机配套的 VG-C1EM 竖拍手柄 / 电池盒会是一项明智的选择。

VG-C1EM 竖拍手柄 / 电池盒可以为相机提供充沛的电力供应，大幅延长续航时间，并拥有独立的快门释放按钮、电源开关、前 / 后转盘、AEL 按钮和自定义键等操控部件，不仅可以提高相机的握持性，还便于使用垂直构图拍摄。

光圈 f/4.5，快门 1/320s，
焦距 105mm，感光度 ISO320
竖拍手柄 / 电池盒可以提高竖幅构图拍摄时的操控性，便于捕捉人像外拍的精彩瞬间

VG-C1EM 竖拍手柄

VG-C1EM 竖拍电池盒

8.3.2 存储卡

高速、高可靠性、大容量的存储卡是高效成功拍摄的基础。索尼 α 系列相机高像素的特性对存储卡也相应提出了更高的要求。存储卡插槽可插双 SD 卡，其中一个兼容 UHS-Ⅱ。

各种各样的存储卡

8.3.3 遥控器

在使用三脚架拍摄时，如果配合使用遥控器，能够避免摄影师用手按动快门按钮时造成的相机轻微位移和震动，可以得到更为清晰的照片。

索尼 α 系列相机适配的无线遥控器包括 RMT-DSLR2 等。利用遥控器上的 SHUTTER 按钮、2 SEC 按钮（按下 2s 后释放快门）等可以进行遥控拍摄。

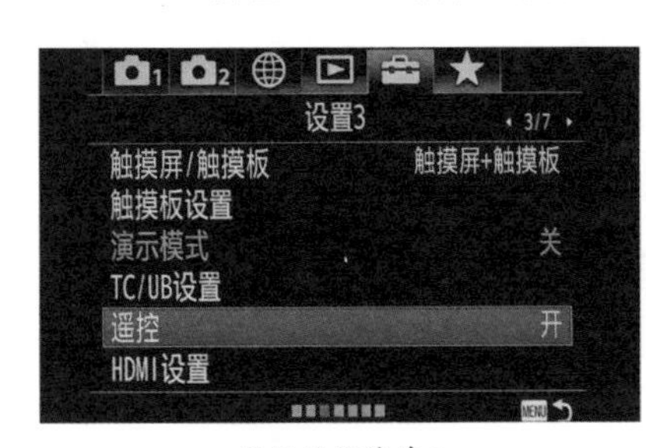

遥控设置菜单 1

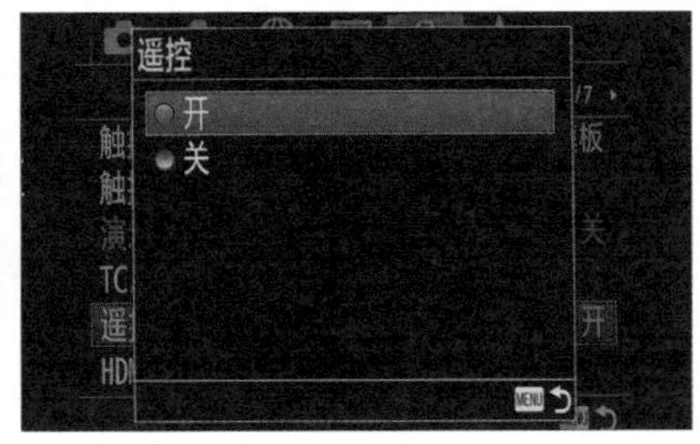

遥控设置菜单 2

第9章

照片好看的秘密：构图与用光

摄影是一门艺术，摄影师只有数码相机和熟练的操作技术是远远不够的。要让照片好看，必须以构图与用光等方面的美学知识作为基础。实际上，不同摄影师拍摄的照片主要存在构图与用光的差别。

本章以索尼 α7R Ⅳ为例进行讲解。

9.1 黄金构图及其拓展

学习摄影构图，黄金分割构图法则（以下简称黄金构图法则）是必须掌握的构图知识，因为黄金构图法则是摄影学中最为重要的构图法则，其他构图都是由黄金构图演变或简化而来的，而黄金构图法则又是由黄金分割点演化而来的。将一条线段分成两段，其中，较短的线段与较长的线段长度之比约为 0.618：1，这个比例能够让这条线段看起来更加具有美感；并且，较长的线段的长度与这两条线段加起来的长度的比值也约为 0.618：1。切割线段的点，就是黄金分割点。

“黄金分割”公式可以从一个正方形来推导。将正方形的一条边分成 2 等份，取中点 x，以 x 为圆心、线段 xy_1 为半径画圆，其与底边延长线的交点为 z 点，这样可以将正方形延伸并连接为一个矩形，由图中可知 $A:C=B:A\approx5:8$。

在摄影中，35mm 胶片的尺寸正好非常接近 5∶8，因此在摄影学中可以比较完美地利用黄金分割法构图。

通过上述推导可得到一个被认为很完美的矩形。在这个矩形中，连接该矩形的左上角和右下角，然后从右上角向 y 点画一条线段交于对角线，这样就把矩形分成了 3 个部分。按照这 3 个区域安排画面的构图方式，即为比较标准的黄金构图。

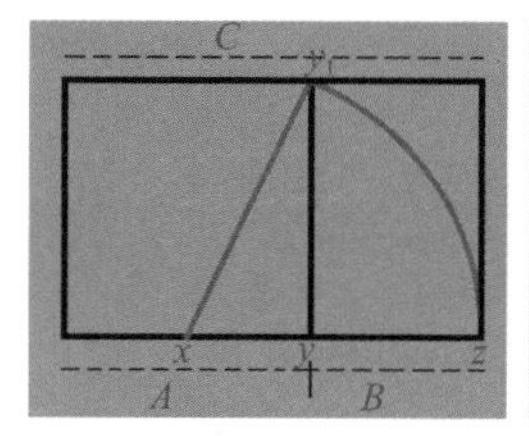

经典黄金分割

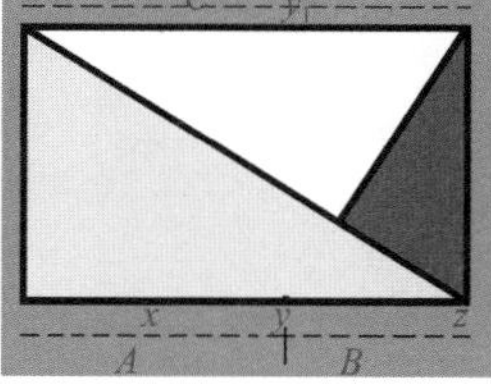

按黄金分割确定的 3 个区域

黄金构图案例

光圈 f/8，快门 1/500s，焦距 105mm，感光度 ISO100
画面中的主体位于黄金构图点附近，非常醒目

但在具体应用中，以如此复杂的方式进行构图过于麻烦，并且大多数景物的排列也不会如经典的黄金分割一样。其实在黄金构图的这个图形中，可以发现中间分割 3 个区域的点非常醒目，处于一个视觉的中心位置，如果主体位于这个点附近，则很容易引人注目。在摄影学中，这个位置被大家称为黄金构图点。

光圈 f/8，
快门 1/500s，
焦距 105mm，
感光度 ISO100
画面中的主体位于黄金构图点附近，非常醒目

9.2 “万能”三分法

在拍摄一般的风光时，地平线通常是非常自然的分界线。常见的分割方法有两种，一种是地平线位于画面上半部分，即天空与地面的比例约为 1∶2；另一种是地平线位于画面下半部分，这样天空与地面的比例约为 2∶1。选择天空与地面的比例时，要先观察天空与地面上哪些景物最有表现力，一般情况下，天气不是很好时天空会比较单调，这时应该将地平线放在画面上半部分约 1/3 处。使用三分法构图时，可以根据色彩、明暗等的不同，将画面自然地分为 3 个部分，恰好适应了人的审美观念。过多的部分（超过 3 个部分，如 4 个及以上）一般会让画面显得烦琐，也不符合人的视觉习惯；过少的部分又会使画面显得单调。

光圈 f/8，
快门 1/640s，
焦距 105mm，
感光度 ISO100
地平线位于画面的上三分之一处，天空与地面的比例约为 1∶2，这种三分法构图是非常简单、漂亮的构图形式

9.3 常用的四大对比构图方式

对比构图是把被摄对象的各种形式、要素间不同的形态、数量等进行对照，使其各自的特质更加明显、突出，对观众的视觉感受形成刺激，达到醒目的效果。对比构图的形式多种多样，在实际拍摄中，摄影师应结合创作主题灵活应用。

9.3.1 明暗对比法

摄影画面是由光影构成的，因此光影的明暗对比显得尤为重要。使用明暗对比法构图时，需要掌握正确的曝光条件，通过表现主体、陪体、前景与背景的明暗度来强调主体的位置与重要性。使用明暗对比法时，画面中亮部区域与暗部区域的明暗对比反差大，但又要保留部分暗部的细节，因此摄影师在对画面测光时应慎重选择测光点的位置。

9.3.2 远近对比法

远近对比法是指利用画面中主体、陪体、前景与背景之间的距离感，来强调、突出主体。多数情况下，主体会处于离镜头较近的位置，观众的视觉感受也是如此。由于需要突出距离感，而主体又需要清晰地表现出来，因此拍摄时焦距与光圈的控制就比较重要。焦距过长、光圈过大都会造成景深较浅的情况，并且在这两种状态下对焦时很容易跑焦。如果主体模糊，画面就会失去远近对比的意义。

光圈 f/8，快门 1/2000s，焦距 180mm，感光度 ISO100

利用较暗的背景与明亮的主体进行对比，既强调了主体的位置，又通过明暗对比营造出了一种强烈的视觉效果

光圈 f/6.3，快门 1.6s，焦距 19mm，感光度 ISO100，曝光补偿 -0.3EV

画面中近处的建筑较大，与远处较小的建筑形成大小对比，既符合人们的视觉习惯，又增加了画面的故事性

9.3.3 大小对比法

摄影画面中，体积大小不同的物体放在一起会产生对比效果。大小对比法是指在构图取景时特意选取大小不同的主体与陪体，以形成对比关系，取景的关键是选择体积小于主体或视觉效果较弱的陪体。按照这一规律，长与短、高与低、宽与窄的对象都可以形成对比。

光圈 f/2.8，
快门 20s，
焦距 14mm，
感光度 ISO2000
相同的主体对象，利用它们之间的大小对比可以使画面更具观赏性

9.3.4 虚实对比法

人们习惯把照片的整个画面拍得非常清晰，但是许多照片并不需要整个画面都清晰，只要画面的主要部分清晰即可，其余部分可以模糊。在摄影画面中，让模糊部分衬托清晰部分，清晰部分会显得更加鲜明、突出。这就是虚实相间，以虚映实。

光圈 f/5.6，
快门 1/350s，
焦距 45mm，
感光度 ISO100
虚实对比法构图多用于虚化的背景及陪体等来突出主体的地位

9.4 常见的空间几何构图形式

前面介绍了大量的构图理论与规律，可以帮助大家掌握构图原理，拍摄出漂亮的照片。除此之外，使景物的排列符合一定的空间几何构图形式也有助于画面表达。常见的空间几何构图形式有对角线构图、V 形构图、S 形构图、三角形构图等。这类构图形式符合人们的视觉习惯，并且能够额外地传达出一定的信息。例如，三角形构图的照片除可表现主体的形象之外，还能给人一种稳固、稳定的心理暗示。

光圈 f/8，快门 1.6s，焦距 14mm，感光度 ISO400
对角线走向的线条让画面富有动感的同时，又具有韵律美

光圈 f/11，快门 1/320s，焦距 15mm，感光度 ISO400
V 形构图在拍摄城市时比较常见，这可以形成稳定的支撑结构，是冲击力十足的构图形式

光圈 f/8，快门 1/500s，焦距 81mm，感光度 ISO200
S 形构图能够为风光照片带来一种深度上的变化，让画面显得悠远、有意境，且可以强化照片的立体感和空间感

光圈 f/1.4，快门 5s，焦距 24mm，感光度 ISO10000
三角形构图的形式比较多，有用于形容主体和陪体关系的连点三角形构图，也有主体形状为三角形的直接三角形构图。并且三角形的上下位置也有不同，正三角形构图是一种稳定的构图，如同三角形的特性一样，象征着稳定、均衡，如山峰的形状为正三角形，就是一种稳定的象征；而倒三角形则正好相反，传达出不稳定、不均衡的意境

9.5 光的属性与照片效果

9.5.1 直射光摄影分析

直射光是一种比较明显的光，照射到被摄体上时会使其产生受光面和阴影部分，并且这两部分的明暗反差比较强烈。选择直射光进行摄影时，有利于表现被摄体的立体感，勾画其形状、轮廓、体积等，并且能够使画面产生明显的影调层次。一般在天气晴朗的白天，自然光照明条件下，大多数拍摄画面中都不只有单一直射光照明，还会有各种反射、折射、散射的混合光线影响，但由于太阳直射光线的效果最为明显，因此可以近似看为直射光照明。

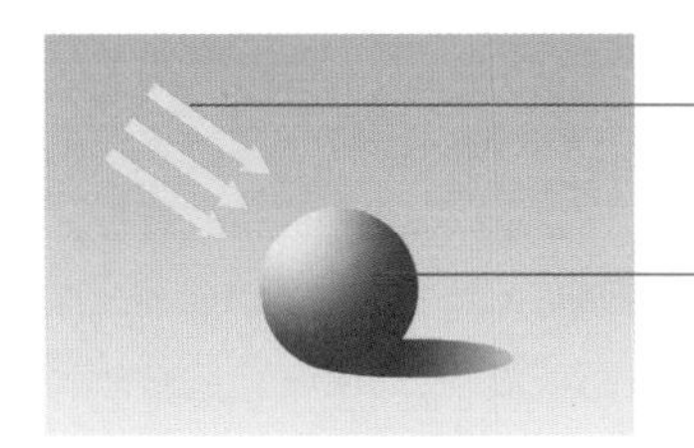

直射光多用来刻画物体的轮廓、图案、线条，或表现刚毅、热烈的情绪

严格来说，光线照射到被摄体上时，会产生 3 个区域。

（1）强光区域：指被摄体直接受光的区域，这个区域一般只占被摄体表面极少的一部分。在强光区域，由于被摄体受到光线直接照射亮度非常高，因此一般情况下肉眼可能无法很好地分辨物体表面的图像纹理及色彩表现，但是由于亮度极高，这个区域可能最能吸引观赏者的注意力。

（2）一般亮度区域：指介于强光和阴影之间的区域。这个区域的亮度正常，色彩和细节的表现也比较正常，且可以让欣赏者清晰地看到，也是一张照片中呈现信息最多的区域。

（3）阴影区域：指画面中背光的区域。正常情况下，这个区域的亮度可能并不低，但由于与强光区域在同一幅画面中，对比之下会显得比较暗。另外，数码相机一般也无法将阴影区域和强光区域都表现得正常。阴影区域可以用于掩饰场景中影响构图的一些元素，使画面整体显得简洁、流畅。

光圈 f/4，
快门 1/500s，
焦距 11mm，
感光度 ISO80，
曝光补偿：-0.3EV
在直射光下拍摄风光题材的作品时，一切都变得更加简单，强光与阴影区域会形成自然的影调层次，使画面更具立体感

9.5.2 散射光摄影分析

除直射光之外，还有一种大的分类就是散射光，也叫漫射光、软光，是指没有明显光源、光线没有特定方向的光。散射光在被摄体上任何一个部位所产生的亮度和感觉几乎都是相同的，即使有差异也不会很大，这样被摄体的各个部分在所拍摄的照片中表现出来的色彩、材质和纹理等也几乎都是一样的。

在散射光下进行摄影，曝光的过程是非常容易控制的，因为在散射光下没有明显的高光亮部与弱光暗部，没有明显的反差，所以拍摄比较容易，并且很容易且能够完整地把被摄体的各个部分都表现出来。但是，在散射光下进行摄影也有一个问题，由于画面各部分亮度比较均匀，没有明暗反差的存在，因此画面影调层次欠佳。这会影响视觉效果，但摄影师可以通过景物自身的明暗、色彩来表现画面层次。

光圈 f/9，快门 30s，焦距 20mm，感光度 ISO100
在散射光下拍摄风光画面，构图时尽量选择明暗差别大一些的景物，这样景物自身会形成一定的影调层次，画面会令人感到舒适

光圈 f/2，快门 1/500s，
焦距 85mm，感光度 ISO100
在散射光下拍摄人像，可以使画质细腻、柔和

9.6 光线的方向性

9.6.1 顺光照片的特点

在顺光条件下，拍摄的操作比较简单，也比较容易拍摄成功。因为光线顺着镜头的方向照向被摄体，被摄体的受光面会成为所拍摄照片的内容，其阴影部分一般会被遮挡住，这样因为阴影与受光部的亮度反差带来的拍摄难度就没有了。这种情况下，拍摄的曝光过程比较容易控制。顺光拍摄的照片中，被摄体表面的色彩和纹理都会呈现出来，但是不够生动。如果光照射强度很高，景物色彩和表面纹理还会损失细节。顺光摄影适合摄影初学者练习用光，另外在拍摄证件照时使用较多。

顺光拍摄示意图

光圈 f/11，快门 0.5s，焦距 200mm，感光度 ISO100
顺光拍摄时，虽然画面会缺乏影调层次，但能够保留更多的景物表面细节。因为顺光拍摄几乎没有阴影，所以很少会产生损失画面细节的情况

9.6.2　侧光照片的特点

侧光是指来自被摄体左右两侧，与镜头朝向约成 90° 的光线，这样被摄体的投影落在侧面，其明暗影调基本各占一半，影子修长而富有表现力，表面结构十分明显，每一个细小的隆起处都会产生明显的影子。采用侧光摄影，能比较突出地表现被摄体的立体感、表面质感和空间纵深感，形成较强烈的造型效果。侧光在拍摄林木、雕像、建筑物表面、水纹、沙漠等各种表面结构粗糙的物体时，能够获得影调层次丰富的画面，空间效果强烈。

侧光拍摄示意图

光圈 f/10，
快门 1/250s，
焦距 200mm，
感光度 ISO100
侧光拍摄时，一般会在主体上形成清晰的明暗分界线

9.6.3　斜射光照片的特点

斜射光又分为前侧斜射光（斜顺光）和后侧斜射光（斜逆光）两种。整体来看，斜射光是摄影中的主要用光，因为斜射光不单适合表现被摄体的轮廓，

更能通过被摄体呈现出来的阴影部分增加画面的明暗层次，这可以使画面更具立体感。摄影师拍摄风光、建筑等题材时，无论是大自然的花草树木还是建筑物，由于被摄体的轮廓线之外有阴影的存在，因此会给予欣赏者以立体的感受。

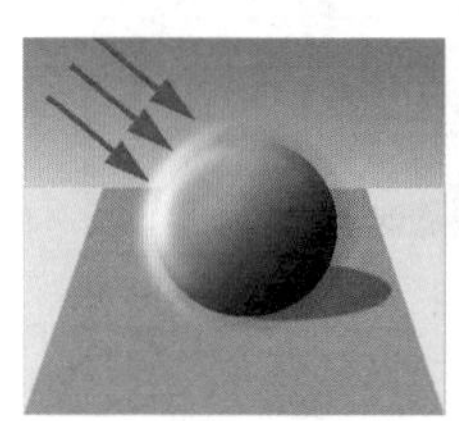

斜射光拍摄示意图

光圈 f/7.1，
快门 1/800s，
焦距 200mm，
感光度 ISO400，
曝光补偿 -1.7EV

拍摄风光、建筑等题材时，斜逆光是使用较多的光线，它能够很容易地勾勒出画面中主体及其他景物的轮廓，增加画面的立体感

9.6.4 逆光照片的特点

逆光与顺光是完全相反的两类光线，逆光是指光源位于被摄体的后方，照射方向正对相机镜头。逆光下的环境明暗反差与顺光下的完全相反，受光部位也就是亮部位于被摄体的后方，镜头无法拍摄到，镜头所拍摄的画面是被摄体背光的阴影部分，亮度较低。需要注意的是，虽然镜头只能捕捉到被摄体的阴影部分，但是主体之外的背景部分却因为光线的照射而成为亮部。这样造成的效果就是画面反差很大，因此在逆光下很难拍到主体和背景都曝光准确的照片。利用逆光的这种性质，可以拍出剪影的效果，极具感召力和视觉冲击力。

逆光拍摄示意图

光圈 f/5.6，
快门 1/200s，
焦距 240mm，
感光度 ISO400
逆光拍摄人像，人物发丝边缘会有发际光，充满梦幻的美感

光圈 f/8，
快门 1/4000s，
焦距 115mm，
感光度 ISO100
强烈的逆光会让主体正面曝光不足而形成剪影。当然，所谓的剪影不一定是非常彻底的，主体可以如本照片中这样有一定的细节显示出来，这样画面的细节和层次都会更加丰富、漂亮

9.6.5 顶光照片的特点

顶光是指来自被摄体顶部的光线，与镜头朝向成 90° 左右的角度。晴朗天气里，正午的太阳通常可以看作最常见的顶光光源，另外通过人工布光也可以获得顶光光源。正常情况下，顶光不适合拍摄人像照片，因为拍摄时人物的头顶、前额、鼻头很亮，而下眼睑、颧骨下面、鼻子下面完全处于阴影之中，这会造成一种反常、奇特的形态。因此，一般都应避免使用这种光线拍摄人物。

顶光拍摄示意图

光圈 f/7.1，快门 1/200s，焦距 44mm，感光度 ISO320，曝光补偿 +1EV
在一些较暗的场景中，如老式建筑、山谷、密林等场景，由于内部与外部的亮度反差很大，这样外部的光线在照射进来时，会形成漂亮且有质感的光束

第10章 认识视频镜头语言

本章主要讲解运动镜头、镜头组接规律、长镜头、短镜头、空镜头的使用技巧等相关内容。

10.1 运动镜头

10.1.1 推镜头：营造不同的画面氛围与节奏

推镜头（也叫推摄）是镜头向被摄体方向推进，或变动镜头焦距使画面框架由远而近向被摄体不断推进的拍摄方法。

随着镜头的不断推进，画面由较深景别不断向较浅景别变化，这种变化是一个连续的递进过程，最后固定在主体目标上。镜头推进速度的快慢，要与画面的气氛、节奏相协调。镜头推进速度缓慢，可以给人抒情、安静、平和的感觉；镜头推进速度快，则可以表现出紧张不安、愤慨、触目惊心的感觉。

推镜头在实际应用当中要注意两个问题。

（1）推镜头时，要注意对焦位置始终位于主体上，避免主体出现频繁的虚实变化。

（2）推镜头时，最好要有起幅与落幅，起幅用于呈现环境，落幅用于定格和强调主体。

推镜头画面 1

推镜头画面 2

推镜头画面 3

10.1.2　拉镜头：让观者恍然大悟

拉镜头与推镜头相反，是镜头逐渐远离被摄体的拍摄方法。当然也可通过变动焦距，使画面由近到远，与被摄体逐渐拉开距离。

拉镜头可以真实地向观者交代主体所处的环境及与环境的关系。在镜头拉开前，环境是个未知因素，镜头拉开后可能会给观者“原来如此”的感觉，让观者恍然大悟。拉镜头常用于侦探、喜剧类题材当中。

拉镜头常用于故事的结尾，随着主体目标渐渐远去、缩小，其周围空间不断扩大，画面逐渐扩展为广阔的原野或浩瀚的大海或莽莽的森林等，给人以“结束”的感受，赋予抒情性的结尾。

拉镜头特别要注意提前观察大的环境信息，并预判镜头落幅的视角，避免最终视觉效果不够理想。

拉镜头画面 1

拉镜头画面 2

拉镜头画面 3

10.1.3 摇镜头：替代观者视线

摇镜头是指机位固定不动，通过改变镜头朝向来呈现场景中的不同对象。实际上，摇镜头所起到的作用，也在一定程度上代表了观者的视线。

摇镜头多用于在狭窄或超开阔的环境内快速呈现周边环境。例如，人物进入房间内，眼睛扫过屋内的布局、家具陈列或其他人；在拍摄群山、草原、沙漠、海洋等宽广景物时，通过摇镜头快速呈现所有景物。

摇镜头在使用时一定要注意拍摄过程的稳定性，否则画面的晃动感会破坏镜头原有的效果。

摇镜头画面 1

摇镜头画面 2

摇镜头画面 3

10.1.4 移镜头：符合人眼视觉习惯

移镜头是指让拍摄者沿着一定的路线运动来完成拍摄。例如，汽车在行驶过程当中，车内的拍摄者向外拍摄，随着车的移动，视角也不断改变，这就是移镜头。

移镜头是一种符合人眼视觉习惯的拍摄方法，让所有的被摄体都能平等地在画面中得到展示，还可以使静止的对象运动起来。

由于移镜头需要在运动中拍摄，所以机位的稳定性是非常重要的。影视作品拍摄时，一般要使用滑轨来辅助完成移镜头的拍摄，主要就是为了得到更好的稳定性。

使用移镜头时，建议适当多取一些前景，这些靠近机位的前景运动速度会显得更快，这样可以强调镜头的动感；还可以让被摄体与机位进行反向移动，从而增强速度感。

移镜头画面 1　　移镜头画面 2　　移镜头画面 3

10.1.5 跟镜头：增强现场感

跟镜头是指机位跟随被摄体运动，且与被摄体保持等距离的拍摄方法。这样最终得到主体不变，但景物却不断变化的效果，仿佛观者的视线就跟在被摄体后面一样，从而增强画面的临场感。

跟镜头具有很好的纪实效果，对人物、事件、场面的跟随记录会让画面显得非常真实，在纪录类题材的视频或短视频中较为常见。

跟镜头画面 1　　跟镜头画面 2　　跟镜头画面 3

10.1.6 升降镜头：营造戏剧性效果

机位在面对被摄体时，镜头向上下方向运动进行拍摄，称为升降镜头。这种镜头可以实现以多个视点表现主体或场景。

升降镜头在速度和节奏方面的合理运用，可以让画面呈现出一些戏剧性效果或强调主体的某些特质，如可能会让人感觉主体特别高大等。

升镜头画面 1　　升镜头画面 2　　升镜头画面 3

降镜头画面 1　　降镜头画面 2　　降镜头画面 3

10.2 镜头组接规律

10.2.1 景别组接的 4 种方式

一般来说，两个及两个以上的镜头组接起来，景别的变化幅度不宜过大，否则容易出现跳跃感，让组接后的视频画面显得不够平滑、流畅。简单来说，如果从远景直接过渡到特写，那么跳跃性就非常大。当然，跳跃性大的景别组接也是存在的，即后面要介绍的两极镜头。

1. 前进式组接

这种组接方式是指景别由远景、全景，向特写过渡，这样景别变化幅度适中，不会给人跳跃的感觉。

远景　　全景

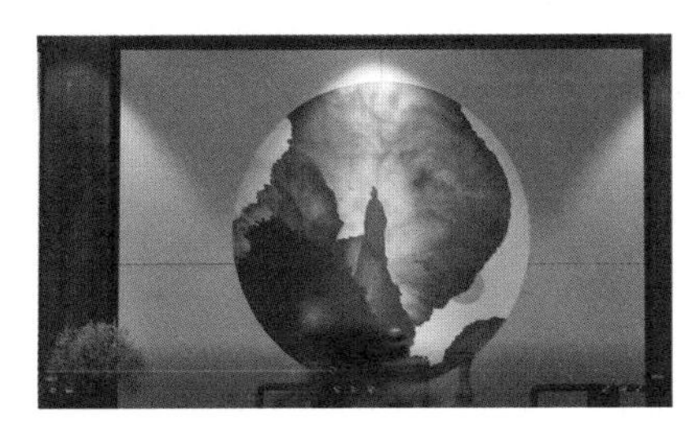

特写

2. 后退式组接

这种组接方式与前进式组接正好相反，是指景别由特写、近景逐渐向全景、远景过渡，最终视频呈现出从细节到全貌的变化。

3. 环形组接

这种组接方式其实就是将前进式组接与后退式组接结合起来使用，景别先由远景、全景、近景到特写过渡，之后再由特写、近景、全景向远景过渡。当然，也可以先后退式组接，再接前进式组接。

4. 两极镜头

所谓两极镜头，是指镜头组接时由远景直接接近景、特写，或由近景、特写直接接远景，跳跃性非常大。这种镜头会让观众有较大的视觉落差，形成视觉冲击，一般在影片开头和结尾时使用，也可用于段落开头和结尾，而不宜用作叙事镜头（容易造成叙事不连贯问题）。

近景画面

远景画面

除上述几种组接方式之外，在进行不同景别的组接时，还应该注意同机位、同景别又是同一主体的镜头最好不要组接在一起，因为这样剪辑出来的视频画面景物变化幅度小，不同镜头画面看起来过于相似，有堆砌镜头的感觉，好像同一镜头不停地重复，没有逻辑性可言，给观者的感觉自然不会太好。

10.2.2 固定镜头组接

固定镜头，摄像机机位、镜头光轴和焦距都固定不变，而被摄体可以是静态的，也可以是动态的。固定镜头的核心就是画面所依附的框架不动，画面中人物可以任意移动、出画，同一画面的光影也可以发生变化。

固定镜头画面 1

固定镜头画面 2

固定镜头有利于表现静态环境。在实际拍摄中，常用远景、全景等大景别固定画面交代事件发生的地点和环境。

视频剪辑中，固定镜头尽量与运动镜头搭配使用，如果使用太多的固定镜头，容易造成零碎感，不如运动画面可以比较完整、真实地记录和再现生活原貌。但这并不是说固定镜头之间不能组接，在一些特定的场景中，固定镜头的组接也是比较常见的。比如，我们看电视新闻节目，不同主持人播报新闻时，中间可能是没有穿插运动镜头过渡的，而是直接进行组接。

新闻节目中经常会见到固定镜头的直接组接

再比如，表现某些特定风光场景时，不同固定镜头呈现的可能是这个场景不同的天气，有流云、有星空、有明月、有风雪，进行固定镜头的组接就会非常有趣。但要注意的是，这种同一个场景不同气象、时间等的固定镜头进行组接，不同镜头的长短最好要相近，否则组接后就会产生混乱感。

下面这 4 个画面，显示的是颐和园的同一个场景，同样是固定镜头，但显示了不同时间段的天气信息。

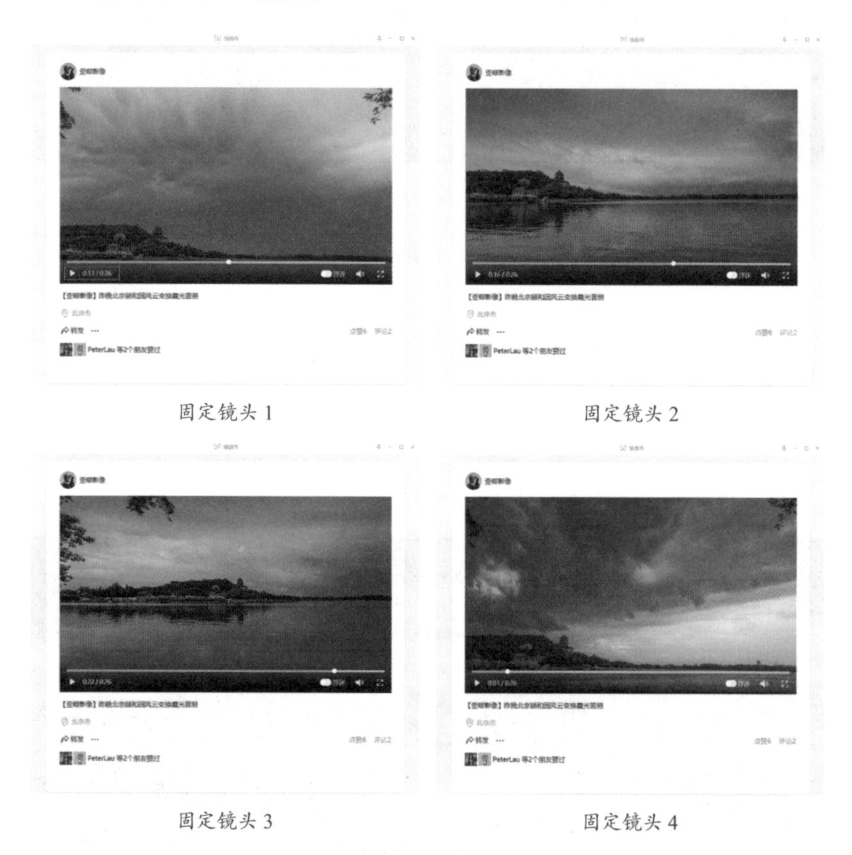

固定镜头 1　　固定镜头 2

固定镜头 3　　固定镜头 4

10.2.3 相似画面固定镜头组接的技巧

表现同一场景、同一主体，在画面各种元素的变化不是太大的情况下，还必须进行固定镜头的组接，该怎么办呢？其实也有解决办法，那就是在不同固定镜头中间用空镜头、字幕等进行过渡，这样组接后的视频就不会有强烈的堆砌感与混乱感。

10.2.4 运动镜头组接

摄影器材在运动中拍摄的镜头叫运动镜头，也叫移动镜头。

运动镜头的动态变化，模拟观者视线移动，更容易调动观者的参与感和注意力，引起其强烈的心理感应。

运动镜头的组接并不仅限于运动镜头之间的组接，还包括运动镜头与固定镜头的组接。从镜头组接的角度来说，运动镜头组接是非常复杂和难以掌握的一种技能，特别考验影视剪辑人员的技术水平与创作能力，因为这其中还涉及镜头起幅与落幅、剪辑点的相关知识。

1. 动接动：运动镜头之间的组接

运动镜头之间的组接，要根据被摄体和运动镜头的类型来判断是否要保留起幅与落幅。

举一个简单的例子，拍摄婚礼等庆典场面的视频，对不同主体人物、不同的人物动作镜头进行组接，那么镜头组接处的起幅与落幅就要剪掉；而对于一些表演性质的场景，对不同表演者都要进行一定的强调，所以即便是不同主体人物，组接处的起幅与落幅也可能要保留。之所以说可能要保留，是因为有时为了获得紧凑、快节奏的视频效果，需要剪掉组接处的起幅与落幅。

所以说，运动镜头之间的组接，要根据视频想要呈现的效果来进行判断，是比较难掌握的。

运动镜头 1

运动镜头 2

2. 静接动：固定镜头和运动镜头组接

大多数情况下，固定镜头和运动镜头组接，需要在组接处保留起幅或落幅。如果固定镜头在前，那么运动镜头起始最好要有起幅；如果运动镜头在前，那么组接处要有落幅，避免组接后画面的跳跃性太大，令人感到不适。

上述介绍的是一般规律，但在实际应用当中，我们可以不必严格遵守这种规律。只要不是大量固定镜头堆积，中间穿插一些运动镜头，就可以让视频整体效果流畅起来。

下面这组图表现的是酒店的环境，开始用 2 个固定镜头来展现山水意境，后面接了 3 个运动镜头展现酒店环境特写。

固定镜头 1

固定镜头 2

运动镜头 1

运动镜头 2

运动镜头 3

10.2.5 轴线与越轴

所谓轴线，是指被摄体运动的线路，或对话人物之间连线所在的轴线。轴线组接的概念及使用都很简单，但又非常重要，一旦违背轴线组接规律，视频就会出现不连贯的问题，让人感觉非常跳跃，不够自然。

看电视剧时，如果你观察得够仔细就会发现，虽然有多个机位，但是一般都在对话人物的一侧进行拍摄，如在对话人物的左侧或右侧。如果同一个场景，有的机位在对话人物左侧，有的机位在对话人物右侧，那么这两个机位镜头一般就不能组接在一起，否则就称为“越轴”或“跳轴”。这种镜头，除特殊的需要外是不能组接的。所以，一般情况下，被摄体在进出画面时总是从轴线一侧拍的。

10.3 长镜头与短镜头

10.3.1 认识长镜头与短镜头

视频剪辑领域的长镜头与短镜头，并不是指镜头焦距的长短，也不是指摄影器材与被摄体的距离远近，而是指单一镜头的持续时间。一般来说，单一镜头持续超过 10s，可以称为长镜头，不足 10s 则可以称为短镜头。

10.3.2 固定长镜头

拍摄机位固定不动，连续拍摄一个场面的长镜头，称为固定长镜头。

固定长镜头：画面 1

固定长镜头：画面 2

10.3.3 景深长镜头

用拍摄深景深的参数拍摄，使所拍场景中远处的景物（从前景到后景）都非常清晰，并进行持续拍摄的长镜头称为景深长镜头。例如，我们拍摄人物从远处走近，或由近走远，用景深长镜头，可以让远景、全景、中景、近景、特写等都非常清晰。一个景深长镜头实际上相当于一组远景、全景、中景、近景、特写镜头组合起来所表现的内容。

10.3.4 运动长镜头

用推、拉、摇、移、跟等运动镜头的拍摄方式呈现的长镜头，称为运动长镜头。一个运动长镜头能将不同景别、不同角度的画面收在一个镜头中。

商业摄影中，长镜头的数量更能体现拍摄者的水准，长镜头视频素材的商业价值也更高一些。我们看一些大型庆典、舞台节目时，会发现长镜头比较多。也可以这样认为，越是重要的场面，越要使用长镜头。

运动长镜头：（跟镜头）画面 1

运动长镜头：（跟镜头）画面 2

一般来说，长镜头更具真实性，在时间、空间、过程、气氛等方面都有非常连续的感觉，排除了一些作假、替身的可能性。

10.4 空镜头的使用技巧

空镜头又称景物镜头，是指不出现人物（主要指与剧情有关的人物）的镜头。空镜头有写景与写物之分，前者统称风景镜头，往往用全景或远景表现；后者统称细节描写，一般采用近景或特写。

空镜头常用于介绍环境背景、交代时间与空间信息、酝酿情绪氛围、过渡转场。

我们拍摄一般的短视频，空镜头大多用于衔接人物镜头，实现特定的转场效果或交代环境等信息。

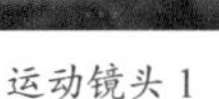

运动镜头 1

空镜头

运动镜头 2

第 11 章

索尼微单相机拍摄视频操作步骤

索尼微单相机的菜单设定比较人性化，几乎所有的拍摄功能均可通过菜单操作实现。合理地设置相机菜单，能够帮助摄影者更容易拍摄出流畅的视频短片。本章将针对一些常用的、重点的视频拍摄功能进行介绍，帮助读者熟练运用索尼微单拍摄视频短片。

本章以索尼 α7S Ⅲ为例进行讲解。

11.1 录制视频的简易流程

下面以索尼 α7S Ⅲ相机为例，讲解录制视频的简易流程。

（1）设置视频文件格式及记录设置菜单选项。

（2）根据需求切换相机曝光模式为 S 模式、M 模式、A 模式等。

（3）通过自动对焦或手动对焦的方式对拍摄主体进行对焦。

（4）按下红色的“MOVIE”按钮，即可开始录制；录制完成后，再次按下“MOVIE”按钮即可结束录制。

虽然录制视频的流程很简单，但想要录制一段高质量的视频，还需要熟悉视频拍摄模式、视频对焦模式、视频短片参数等。只有理解并正确设置这些参数，才能减轻后期负担并产出高质量的视频作品。

选择合适的曝光模式并开始录制

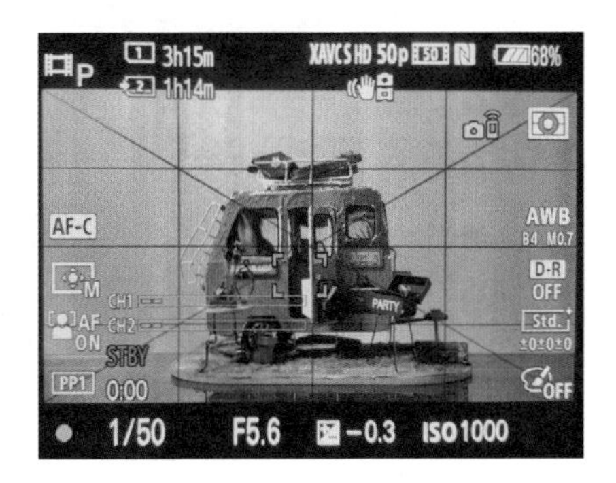

一般情况下，拍摄前要进行对焦

11.2 认识视频拍摄功能

在视频拍摄模式下，屏幕中会显示许多参数，了解这些参数与图标的含义可以协助用户更高效地拍摄视频。下面以索尼 α7S Ⅲ为例，对视频拍摄过程中屏幕中出现的图标及参数进行解释。

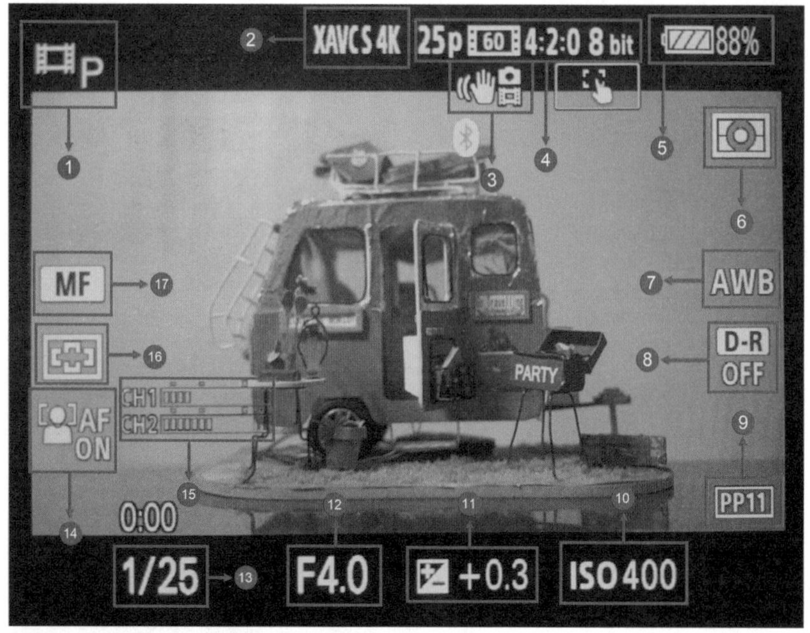

① 模式旋钮设为“P”（程序自动）
② 动态影像文件格式为“XAVCS 4K”
③ Steady Shot 设定为“开”
④ 动态影像设置设定为“25p 60M 4:2:0 8bit”
⑤ 剩余电池电量为“88%”
⑥ 测光模式设定为“多重”
⑦ 白平衡模式设定为“自动”
⑧ 动态范围优化设定为“关”
⑨ 图片配置文件设定为“PP11”
⑩ 感光度设定为 ISO400
⑪ 曝光补偿设定为 +0.3EV
⑫ 光圈值设定为 f/4.0
⑬ 快门速度设置为 1/25s
⑭ AF 人脸 / 眼睛优先设定为“开”
⑮ 音频等级显示设定为“开”
⑯ 对焦区域设定为“广域”
⑰ 对焦模式为“手动对焦”

在拍摄视频的过程中，可以按 DISP 按钮来切换不同的显示信息。

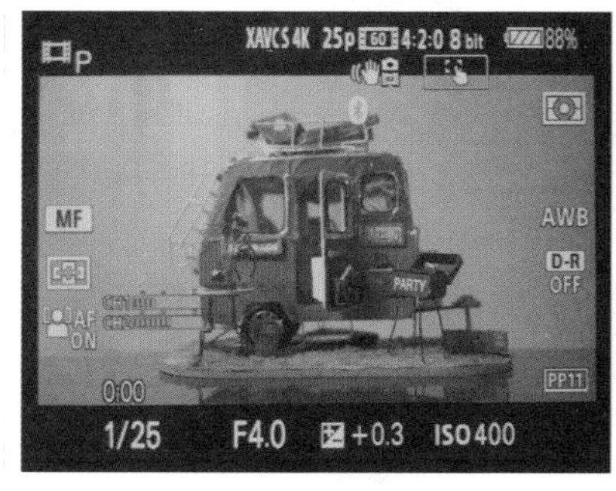

显示所有信息

减少显示信息

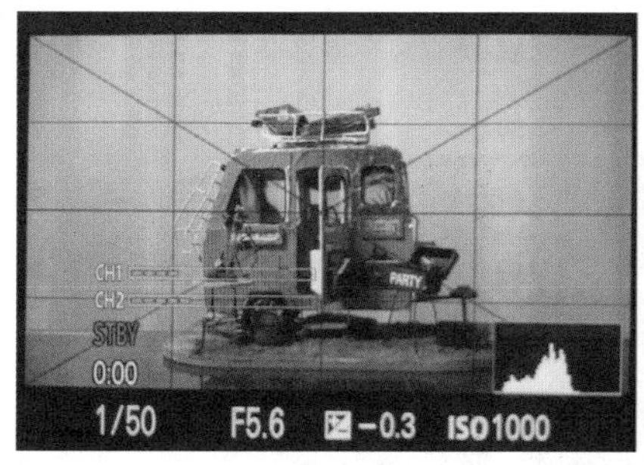

显示直方图

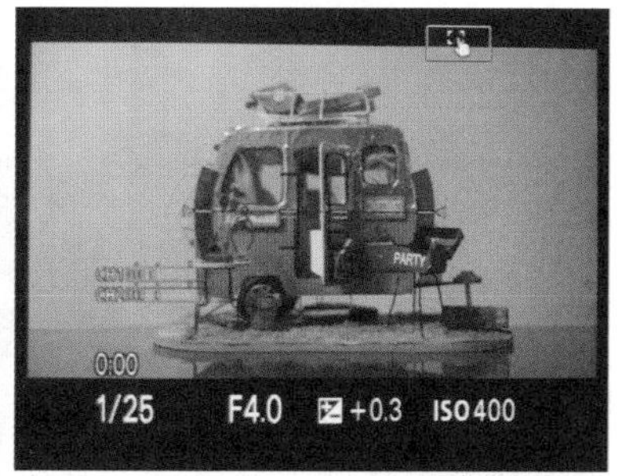

显示水平仪

11.3 设置视频拍摄参数

11.3.1 设置视频拍摄中的快门速度

用微单相机拍摄视频，快门速度的设置非常重要。它不仅关乎画面的曝光是否正确，而且对视频画面的质量影响很大。

首先，用微单相机拍摄视频时，一般要采用 M 模式来调整快门速度，而不能使用 P 模式、S 模式和 A 模式。其次，要确保曝光正确。快门速度决定着进光时间的长短，它与光圈结合决定了进光量，也就是画面整体的明暗效果。

在确保正确曝光的同时，快门速度的设定还必须考虑两个因素：一是确保运动画面（机身运动）和画面内被摄体运动（画面内人或物的运动）的视觉流畅感；二是避免出现某种光源（如日光灯下）的频闪。

在拍摄照片时，快门速度越快，捕捉到的动作就越清晰。但在拍摄视频时，如果快门的速度设置得过慢或过快，都会导致视频中的运动变得不流畅：速度过慢会导致运动物体产生拖影，速度过快会导致运动物体发生抖动。

根据经验，对不同情况下使用的快门速度做了如下总结：如果帧速率设定为 24 帧 / 秒或 25 帧 / 秒，就把快门设定为 1/50s 或 1/100s；如果帧速率设定为 30 帧 / 秒，就把快门设定为 1/60s 或 1/120s；如果帧速率设定为 50 帧 / 秒，就把快门设定为 1/100s 或 1/200s；如果帧速率设定为 60 帧 / 秒，就把快门设定为 1/125s 或 1/250s。

当然，如果画面中没有明显运动的被摄体，快门速度的设置可以不受上述方法的限制，但快门速度的数值至少不能低于拍摄时的帧速率。例如，当帧速率设定为 50 帧 / 秒时，快门速度不能低于 1/50s。

快门速度过慢会导致视频画面中运动物体产生拖影

快门速度过快会导致视频画面中运动主体发生抖动

11.3.2 设置视频对焦模式

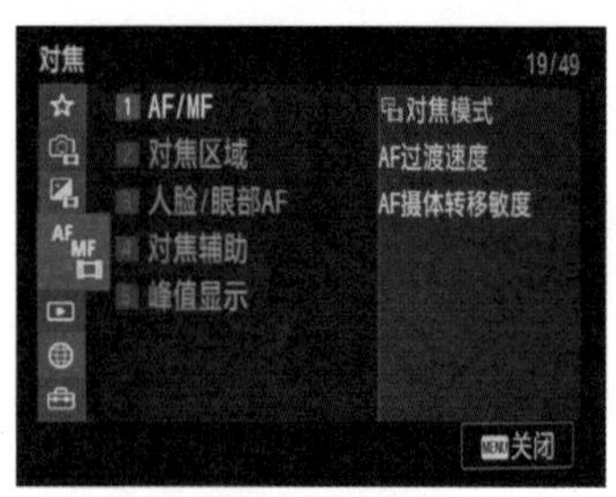

点击对焦菜单中的“AF/MF”选项即可选择对焦模式

在拍摄视频时，有两种对焦模式可供选择，一种是自动对焦，另一种是手动对焦。而自动对焦与手动对焦再往下细分还有不同模式，用户可以通过菜单中的“对焦模式”选项选择适合拍摄的模式。下面对这些对焦模式进行简要介绍。

（1）AF-S（单次 AF）：在合焦时固定焦点，用于不移动的被摄体。

（2）AF-A（自动 AF）：根据被摄体是否

移动，切换“单次 AF”和“连续 AF”。半按快门按钮，相机判断被摄体静止时会固定对焦位置，被摄体移动时会持续对焦。连拍时，第二张以后自动切换为“连续 AF”。

（3）AF-C（连续 AF）：半按快门按钮期间，相机持续对焦，用于对移动中的被摄体对焦。“连续 AF”期间，合焦时不发出电子音。

（4）DMF（直接手动对焦）：用自动对焦进行对焦后，可手动进行微调。此模式与从一开始就使用“手动对焦”进行对焦相比能够更迅速地对焦，对微距拍摄等较为方便。

（5）MF（手动对焦）：手动进行对焦。当自动对焦无法对想要的被摄体合焦时，请使用“手动对焦”进行操作。

11.3.3　选择对焦区域模式

在拍摄视频时，可以根据拍摄的对象及对焦需求选择不同的自动对焦区域模式。下面简要介绍索尼 α7S Ⅲ相机中自带的 5 种自动对焦区域模式及其应用条件。

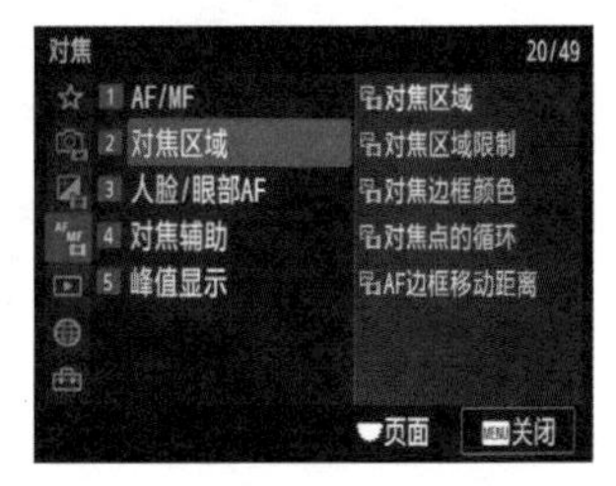

点击对焦菜单中的“对焦区域”选项即可选择对焦区域

（1）广域：以显示屏整体为基准自动对焦。如果在拍摄静止影像时半按快门按钮，会在合焦的区域显示绿框。

（2）区：如果在显示屏上选择想要对焦区域的位置，会在其中自动进行对焦。

（3）中间固定：对显示屏中央附近的被摄体自动对焦。此模式与对焦锁定结合使用可以用喜爱的构图进行拍摄。

（4）点：将对焦框移动到显示屏上的所需位置，用于对非常小的被摄体或狭窄区域进行对焦。

（5）扩展点：将“点”周围的对焦区域作为合焦的第 2 优先区域。当用选定的 1 点无法合焦时，使用这些“点”周围的对焦区域进行对焦。

11.3.4　设置视频自动对焦灵敏度

当录制视频时，可以对自动对焦过渡速度与自动对焦被摄体转移敏度进行设置。“AF 过渡速度”这个参数相当于从一个点到另一个点相机对焦过渡速度的变化快慢，数值越大则变化速度越快，当拍摄中有物体经过被摄体造成遮挡时，对焦点不会很快发生改变，这样会增加整段视频的流畅度。

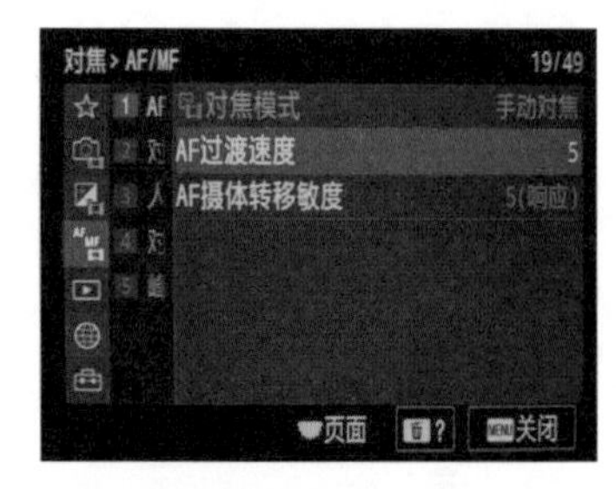

点击对焦菜单中的“AF/MF”选项中的“AF过渡速度”与“AF摄体转移敏度”选项即可设置

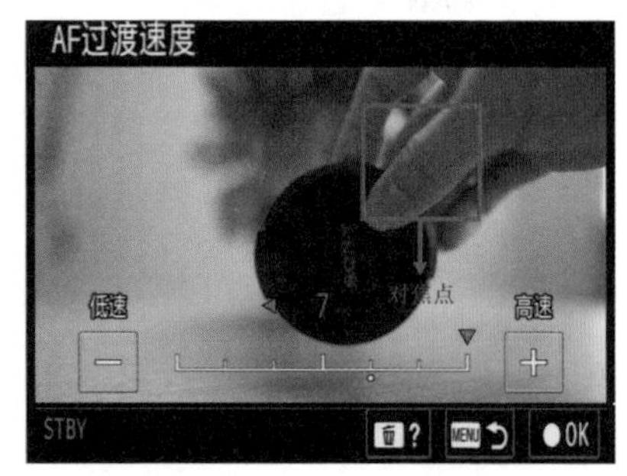

数值越大则变化速度越快

“AF 摄体转移敏度”指的是对焦灵敏度，数值越大则对焦灵敏度就越高，数值为 1 时相当于锁定对焦。这个参数在拍摄快速运动的物体时非常有用，当数值很高时，相机会很快做出判断，保证焦点的准确。

数值越大则对焦灵敏度越高

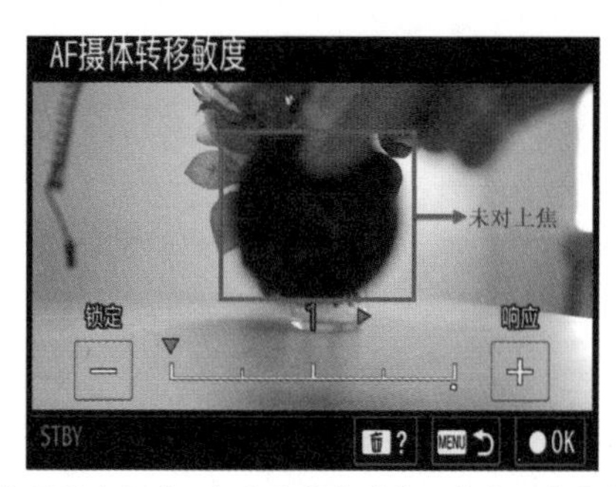

当数值设置为 1 时，相当于锁定对焦，焦点不会发生改变

11.3.5　设置录音参数

在使用索尼 α 系列相机录制视频时，可以利用机内麦克风录制现场声音。

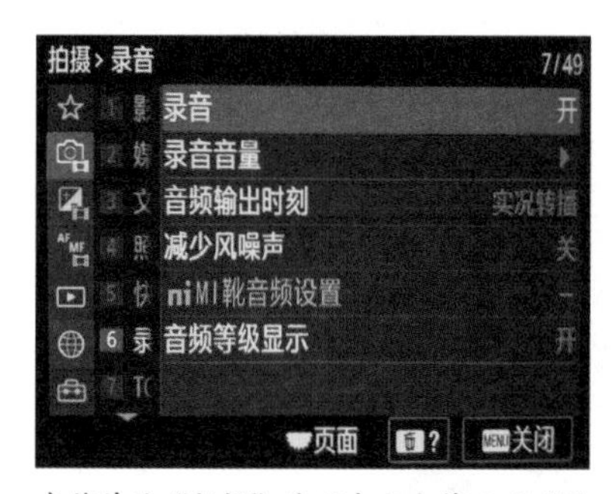

在菜单的“拍摄”选项中点击第 6 项“录音”，设置为“开”

点击“录音音量”选项即可调整录制现场的音量大小

在室外大风环境中录制视频，建议将“减少风噪声”选项开启，这样可以过滤风噪声(此功能对外置麦克风无效)。录制声音较大的动态影像时，设定较低的“录音音量”可以记录具有临场感的声音；录制声音较小的动态影像时，设定较高的“录音音量”可以记录容易听取的声音

11.4 拍摄慢动作或快动作视频

慢动作拍摄可以将短时间内的动作变化以更高的帧速率记录下来，并且在播放时以高倍速、慢速播放，使观众可以清晰地看到某个过程中的每个细节，一般用于记录肉眼无法捕捉的瞬间。

快动作拍摄是将长时间的现象缩短为短时间进行记录，也可以记录长时间的变化现象（如光影、星空的变化，开花的过程等），然后播放时以快速进行播放，从而在短时间之内重现事物的变化过程，给人带来强烈的视觉震撼。

拍摄慢或快动作视频可以记录动作激烈的体育运动场景、鸟儿起飞的瞬间、花蕾开花的样子及云彩和星空变化的模样等。在使用慢和快动作功能时，声音是不会被记录的。

使用索尼 α 系列相机录制快或慢动作视频的步骤如下。

（1）将模式旋钮设定为 S&Q（慢和快动作）。

（2）点击菜单中的“拍摄”→“照相模式”→“S&Q曝光模式”选项，选择慢和快动作的所需设置。

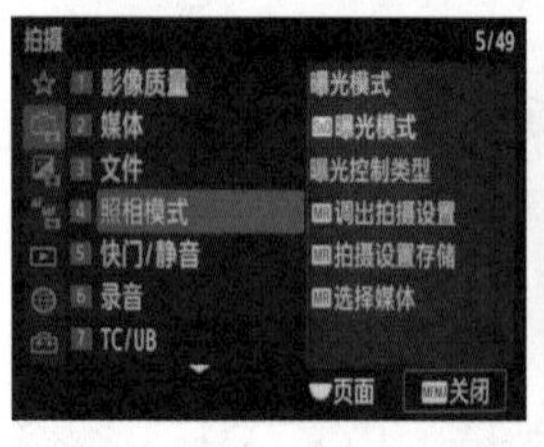

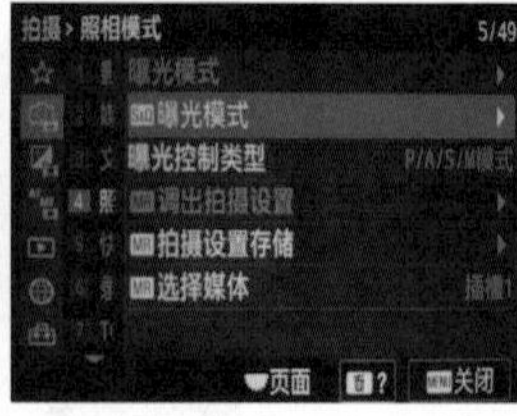

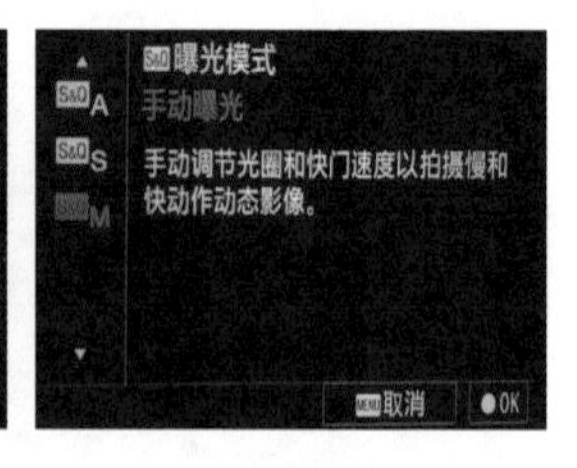

（3）点击菜单中的“拍摄”→“影像质量”→“S&Q快和慢设置”选项，选择要设定的项目，分别为“S&Q记录帧速率”“S&Q帧速率”“S&Q记录设置”，然后选择所需设置。

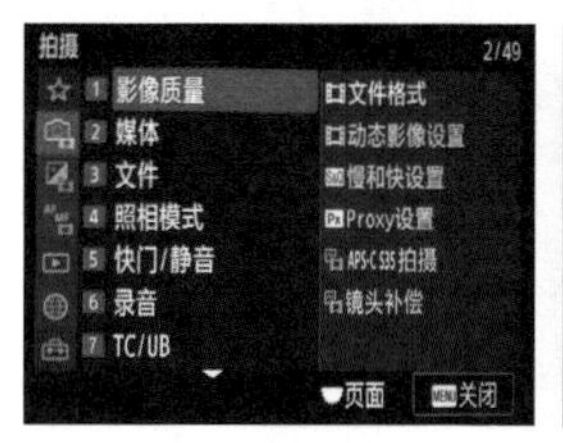

（4）按“MOVIE”按钮开始拍摄。结束拍摄时，再按一次“MOVIE”按钮。根据“S&Q记录帧速率”和“S&Q帧速率”的设置，播放速度如下表所示。

S&Q帧速率	S&Q记录帧速率		
	25 帧 / 秒	50 帧 / 秒	100 帧 / 秒
200 帧 / 秒	8 倍慢速	4 倍慢速	2 倍慢速
100 帧 / 秒	4 倍慢速	2 倍慢速	通常的播放速度
50 帧 / 秒	2 倍慢速	通常的播放速度	2 倍快速
25 帧 / 秒	通常的播放速度	2 倍快速	4 倍快速
12 帧 / 秒	2.08 倍快速	4.16 倍快速	8.3 倍快速
6 帧 / 秒	4.16 倍快速	8.3 倍快速	16.6 倍快速
3 帧 / 秒	8.3 倍快速	16.6 倍快速	33.3 倍快速
2 帧 / 秒	12.5 倍快速	25 倍快速	50 倍快速
1 帧 / 秒	25 倍快速	50 倍快速	100 倍快速

在线学习更多系统视频和图文课程

如果读者对人像摄影、风光摄影、商业摄影，以及数码摄影后期处理（包括软件应用、调色与影调原理、修图实战等）等知识有进一步的学习需求，可以关注作者的百度百家号学习系统的视频和图文课程，也可添加作者微信（微信号 381153438）进行沟通和交流，学习更多的知识！

百度首页搜索“摄影师郑志强 百家号”，之后点击“摄影师郑志强”的百度百家号链接，进入“摄影师郑志强”的主页。

在“摄影师郑志强”的主页内，点击“专栏”，进入专栏列表可深入学习更多视频和图文课程。